原発事《じ》故《こ》に立ち向かった

吉《よし》田《だ》昌《まさ》郎《お》と福島フィフティ

門田隆将
Kadota Ryusho

PHP研究所

2011年3月11日、大津波《おおつなみ》が押《お》し寄《よ》せる福島第一原子力発電所

二〇一一年三月十四日、午前十一時一分、福島第一原子力発電所3号機で起きたすさまじい水素《すいそ》爆発《ばくはつ》
（写真提供《ていきょう》＝福島中央テレビ）

原子炉《げんしろ》の構造《こうぞう》
（福島第一原子力発電所Ｉ号機）

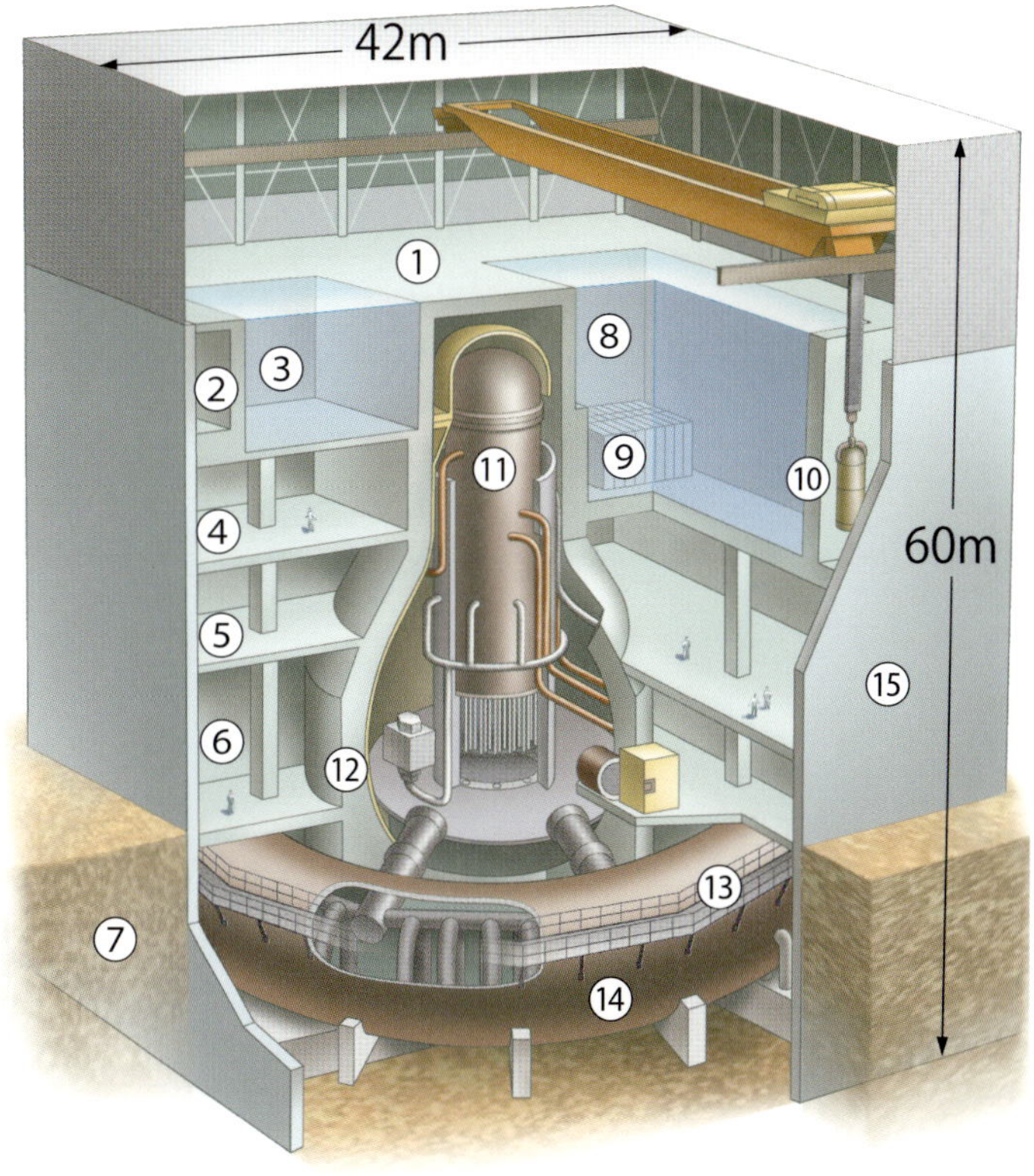

① 5階部分（水素爆発《すいそばくはつ》により破壊《はかい》）
② 4階部分
③ DSピット（炉内《ろない》機器を入れるプール）
④ 3階部分
⑤ 2階部分
⑥ 1階部分
⑦ 地下部分
⑧ 使用済《ず》み燃料《ねんりょう》プール
⑨ 使用済《ず》み燃料《ねんりょう》ラック（使用済《ず》み燃料《ねんりょう》が入っている）
⑩ キャスク（使用済《ず》み核燃料《かくねんりょう》を運搬《うんぱん》する容器《ようき》）
⑪ 原子炉圧力容器《げんしろあつりょくようき》
⑫ 原子炉格納容器《げんしろかくのうようき》
⑬ キャットウォーク
⑭ 圧力抑制室《あつりょくよくせいしつ》（サプレッション・チェンバー）
⑮ 原子炉建屋《げんしろたてや》

●イラストレーション＝児玉智則

はじめに

二〇一一年三月十一日。

それは、日本という国が続くかぎり、忘《わす》れられない日となりました。東日本をおそったマグニチュード9・0という巨大地震《きょだいじしん》が、東北地方を中心に死者一万五千八百八十九人、行方不明者二千五百九十四人（警察庁《けいさつちょう》発表、二〇一五年一月九日現在《げんざい》）という大きな被害《ひがい》をもたらしたのです。

地震《じしん》と大津波《おおつなみ》によって、故郷《ふるさと》の姿《すがた》はすっかり変わってしまいました。住んでいた家を根こそぎ持っていかれただけでなく、学校も、遊び場も、店も、すべてが以前と同じ姿《すがた》ではなくなりました。

それでも、必死でがんばる人たちの姿《すがた》は、全国の人を、いや、世界じゅうの人を感動させました。大きな災害《さいがい》のあとに、世界の多くの国々《くにぐに》では、「略奪《りゃくだつ》」が起きます。店や施設《しせつ》をおそって、物を盗《と》っていくことが、災害《さいがい》のときは「あたりまえ」となっているのです。

しかし、日本では、そんなものは一件《けん》も起こりませんでした。おそわれる店もなければ、こわされる施設《しせつ》もありません。被災地《ひさいち》の人たちは、列をつくって、食糧《しょくりょう》や水が配られるのを静かに待ちました。悲しみをこらえながら、それでも規律《きりつ》を失わず、必死に支《ささ》え合い、助け合う姿《すがた》は、世界じゅうの人たちの胸《むね》を打ちました。そして、たくさんの国から多くの義援金《ぎえんきん》（慈善《じぜん》・災害《さいがい》救助のために出すお金）が寄《よ》せられました。

その東日本大震災《だいしんさい》のなかで、今も後遺症《こういしょう》が続く大きな悲劇《ひげき》を生んだのは、東京電力福島第一原発事故《じこ》でした。福島をおそった大津波《おおつなみ》は、福島第一原子力発電所で、原子力事故《じこ》を引き起こしたのです。

激《はげ》しい揺《ゆ》れと大津波《おおつなみ》によって、福島第一原発は「全交流電源喪失《でんげんそうしつ》」状態《じょうたい》となりました。送電線を支える鉄塔《てっとう》が倒《たお》れて外からの電気がこなくなり、原子力発電所内の電気も津波《つなみ》によって失われ、完全に電源《でんげん》が失われたのです。

電気がこなくなったときに動くはずの非常用《ひじょうよう》ディーゼル発電機が津波《つなみ》によって〝水没《すいぼつ》〟し、また、「直流電源《でんげん》」と呼《よ》ばれる大きな電池も、同じように津波《つなみ》で水をかぶって動かなくなってしまいました。

これは、原子力発電所にとって、致命的《ちめいてき》なことでした。

大きなエネルギーを生み出す原子炉《げんしろ》は、地震《じしん》で止まっても燃料《ねんりょう》が熱を出しつづけます。それを電気によって動くポンプで水を入れて、冷やすのです。その電気がなくなりました。電気がなければ、別の方法で水を入れるしかありません。

水を原子炉《げんしろ》に入れ、燃料《ねんりょう》が溶《と》けるのを防《ふせ》ぐしかないのです。冷却《れいきゃく》できなければ燃料《ねんりょう》は溶《と》けだし、重さで下に落ちはじめます。これを専門《せんもん》用語で「メルトダウン」といいます。メルトダウンが続けば、溶《と》けた燃料《ねんりょう》は圧力容器《あつりょくようき》（ウラン燃料《ねんりょう》と水の入っている鋼鉄製《こうてつせい》の容器《ようき》）を突《つ》き抜《ぬ》け、それを包む格納容器《かくのうようき》（圧力容器《あつりょくようき》やポンプなどの重要な機器を覆《おお》っている鋼鉄製《こうてつせい》の容器《ようき》）や建《た》屋《や》まで破損《はそん》し、放射性物質《ほうしゃせいぶっしつ》が外に出てしまうのです。そして、格納容器《かくのうようき》の爆発《ばくはつ》という最悪の事態《じたい》を迎《むか》えます。

そうなれば、誰《だれ》も原子炉《げんしろ》に近づけなくなり、ほかの原子炉《げんしろ》も次々《つぎつぎ》と同じような爆発《ばくはつ》を起こしていきます。東日本は、文字どおり、「壊滅《かいめつ》」の危機《きき》に直面したのです。

その事態《じたい》を避《さ》けるために、立ち向かった人たちがいます。

放射性物質《ほうしゃせいぶっしつ》による汚染《おせん》が広がるなか、原子炉《げんしろ》建屋《たてや》に突入《とつにゅう》を繰《く》り返《かえ》したり、また、原子炉《げんしろ》への注水を必死に続けた人たちがいました。

その人たちは、地元・福島県の浜通《はまどお》りに住み、またここに生まれ育った人が多かったのです。そして、放射能《ほうしゃのう》とのたたかいを展開《てんかい》したなかには、女性《じょせい》所員も少なくありませんでした。

彼《かれ》ら彼女《かのじょ》らは、なぜ、そんなたたかいができたのでしょうか。のちに「福島フィフティ」と呼ばれる人たちを中心に、たくさんの人たちが、なぜ、「死ぬかもしれない」場所に留《とど》まりつづけることができたのでしょうか。

この本は、そんな「日本を救った」人たちの思いと真実に迫《せま》ったものです。きっと皆《みな》さんの勇気につながるものになると思います。

（出版部《しゅっぱんぶ》注）――――福島フィフティとは？

二〇一一年三月の東日本大震災《だいしんさい》にともなう東京電力福島第一原発事故《じこ》により、放射性物質《ほうしゃせいぶっしつ》が飛散《ひさん》。そうした状況《じょうきょう》のなか、現場《げんば》に残り、事故《じこ》に立ち向かった約五十人に対して、海外メディアがつけた名前（実際《じっさい》の数は、「六十九人」だった）。彼《かれ》らを中心に、多くの人たちが復旧《ふっきゅう》に力を尽《つ》くした。

目次…原発事故《じこ》に立ち向かった吉田昌郎《よしだまさお》と福島フィフティ

はじめに…004

第一章　大阪《おおさか》生まれのリーダー
心やさしい高校生…010／原子力の世界へ…016

第二章　大地震《おおじしん》
それは突然《とつぜん》やってきた…019／危機におちいった中央操作室《ちゅうおうそうさしつ》…024

第三章　おそってきた大津波《おおつなみ》
信じられない光景…029／「そんなバカな……」…032／ずぶぬれの運転員…034

第四章　絶望《ぜつぼう》とのたたかい
「なぜなんだ!」…038／原発の暴発《ぼうはつ》を止めた消防車《しょうぼうしゃ》…043／「〝神さま〟が来た」…045／始まった注水活動…049

第五章　命をかけた突入《とつにゅう》
「注水ラインをつくれ」…053／「ベントしかない」…057／「おれが行く!」…060

第六章　決死の作業
重装備《じゅうそうび》の末に…069／そこにバルブはあった…071／振《ふ》り切れた線量計…079

第七章　奇跡《きせき》が起こった
「自分に行かせてください」…088／やってきた「決死隊」…092／「止まれぇ！　止まれえ！」…095／吉田所長のウルトラC…100

第八章　海水注入
「海水注入を中止しろ」…103

第九章　最大の危機《きき》
一進一退《いっしんいったい》のなかで……112／「一緒《いっしょ》に死ぬ人間」…116

第十章　ぎりぎりの決断《けつだん》
恐《おそ》れていた事態《じたい》…122／「死装束《しにしょうぞく》に見えた」…125／残るべき者が残った…136

第十一章　鳴りやまない拍手《はくしゅ》
「生きていたのか！」…142／やっと伝えられた言葉…145／止められない涙《なみだ》…150

第十二章　永遠《えいえん》の別れ
食道がんの告知…158／「奥《おく》さんに謝《あやま》っといてくれ」…164
参考文献《ぶんけん》…169

◉著者《ちょしゃ》から皆《みな》さんへのメッセージ
くじけそうなことが　たとえあっても……170

第一章　大阪《おおさか》生まれのリーダー

心やさしい高校生

福島第一原子力発電所が大地震《おおじしん》に見舞《みま》われたとき、所長をつとめていた吉田昌郎《よしだまさお》さんは、一九五五（昭和三十）年二月に大阪《おおさか》で生まれました。

広告代理店を経営《けいえい》するお父さんと、やさしいお母さんの間に生まれた一人っ子です。吉《よし》田《だ》さんは、子供《こども》のときから好奇心《こうきしん》が旺盛《おうせい》でした。いろいろなことに興味《きょうみ》があり、運動も大好きでした。

中学受験をして大阪《おおさか》教育大学附属天王寺《ふぞくてんのうじ》中学校に入学した吉田《よしだ》少年は、剣道部《けんどうぶ》に入ってめきめきと頭角《とうかく》をあらわしました。クラスでもリーダーとなった吉田《よしだ》少年は、背《せ》が高く、ひょろひょろっとした中学生から、やがてたくましい高校生になっていきました。高校に入っても剣道《けんどう》を続けた吉田《よしだ》さんは、クラブ活動でも、学級の活動でも、何でも積極的におこなうリーダーでした。

高校生だったころの吉田《よしだ》さんには、多くのエピソードが残っています。

人間はどう生きるべきか。生きる価値《かち》とは何か。そんな人としてのあり方を議論《ぎろん》するのが大好きだった吉田《よしだ》さんは、その一方で、民謡《みんよう》の同好会をつくったり、また物理が好きだったために物理同好会をつくったりもしました。

クラスの仲間を集めて、さまざまなことを話し合うために合宿を企画《きかく》し、旅館で夜《よ》を徹《てっ》して仲間と議論《ぎろん》したこともあります。吉田《よしだ》さんの興味《きょうみ》は、宗教《しゅうきょう》や哲学《てつがく》の分野にもおよび、吉田《よしだ》さんのまわりには、いつもさまざまな話題が飛び交《か》っていました。

中学から吉田《よしだ》さんの親友だった杉浦弘道《すぎうらこうどう》さんは、奈良《なら》のお寺の住職《じゅうしょく》の家に生まれました。高校時代に、いろいろなことを吉田《よしだ》さんと議論《ぎろん》し合った仲です。

杉浦《すぎうら》さんは、吉田《よしだ》さんのことで、こんなことを覚えています。

「高二のときだったと思いますが、私《わたし》は吉田《よしだ》に〝おまえ、般若心経《はんにゃしんぎょう》を知ってるか〟と言われましてね。私《わたし》はお寺の息子だったのに、当時、そういうことに背《せ》を向けていた人間だったんです。だから、お経《きょう》などなんにも知らなかったんですけど、ある日、突然《とつぜん》、〝杉浦《すぎうら》、おまえ、家が寺なんやろ。それくらい覚えとかな〟と言われましてね。いきなり、彼《かれ》に般若《はんにゃ》心経《しんぎょう》を教えられたんですよ。彼《かれ》は、般若心経《はんにゃしんぎょう》をそらで覚えていて、披露《ひろう》してくれました。びっくりしましたよ。高二ですからね。般若心経《はんにゃしんぎょう》をそらんじる高校生なんて、どこにもいません。吉田《よしだ》はそのころから、そういう宗教《しゅうきょう》的なことや、哲学《てつがく》的なことにも関心がありましたね。それでいて陽気で豪快《ごうかい》な男だった。小さいことにくよくよしない、何に対しても、前向きな男でした」

　高校から大阪《おおさか》教育大学附属《ふぞく》に入学し、剣道部《けんどうぶ》で吉田《よしだ》さんと出会った馬場昌範《ばばまさのり》さん（現《げん》・鹿児島《かごしま》大学大学院医歯学総合《そうごう》研究科教授《きょうじゅ》）は、吉田《よしだ》さんについて、こう話してくれました。

「私《わたし》は高校から教育大学附属《ふぞく》に入って剣道部《けんどうぶ》に入部したんですが、最初は吉田《よしだ》のことを同学年とは思わなかったんですよ。稽古《けいこ》は体育館でやっていましたが、入部してみたら、なんか背《せ》の高いひょろっとした態度《たいど》のでかい男がいるわけです。こいつ先輩《せんぱい》だろうな、と最初は思っていました。剣道《けんどう》の経験《けいけん》がなかった私《わたし》は、そのとき、吉田《よしだ》に声をかけられたんです」

馬場《ばば》さんは、そのときのことが今も忘《わす》れられないそうです。その背《せ》の高い男がいきなり近づいてきて、

「おまえ、剣道《けんどう》をやったことないんだろ？」

そう聞いてきたのです。やせてはいるものの、なんとなく迫力《はくりょく》があったそうです。

「あっ、はい」

これは先輩《せんぱい》だ、と思った馬場《ばば》さんは、ていねいにそう返事をしました。

「よろしくな」

男はそう言うと、一転、人なつっこくほほ笑んできました。それが、馬場《ばば》さんの生涯《しょうがい》の友になる吉田《よしだ》さんでした。馬場《ばば》さんは、吉田《よしだ》さんが同級生だと知って以来、ずっと吉田《よしだ》さんと行動をともにすることになります。

「吉田《よしだ》は同じ学年だったのに、なにか兄貴《あにき》みたいな感じだったんです。私《わたし》は剣道部《けんどうぶ》に初めて入ったので、剣道《けんどう》をやっても弱いし、中学から剣道《けんどう》をやっている連中のようなことが、なかなかできないんです。それで、剣道部《けんどうぶ》の合宿で弱音《よわね》なんかを吐《は》くと、よくしかられました。でも、それが、兄貴《あにき》が弟をしかるみたいな感じなんですよ。私《わたし》は、いつも、吉田《よしだ》に

心配をかけていたように思います」

一方で、吉田《よしだ》さん自身は、人に弱いところをあまり見せなかったそうです。

「吉田《よしだ》が弱音《よわね》とかグチなんかをこぼした記憶《きおく》って、ほとんどないですね。吉田《よしだ》には自分のなかに〝めざすもの〟があったんだと思います。人に対する思いやりとか、友情《ゆうじょう》とか、そういうものが、吉田《よしだ》は大好きだったですね。豪快《ごうかい》な男なんだけど、人を思いやる心がありました」

大阪《おおさか》教育大学附属《ふぞく》高校のクラブ活動は、私立《しりつ》の強豪《きょうごう》校に比《くら》べれば、それほど強くありません。高校三年の夏の甲子園《こうしえん》の大阪《おおさか》大会で、大阪《おおさか》教育大学附属《ふぞく》の野球部は初戦で、甲子園《こうしえん》の強豪《きょうごう》校とぶつかったそうです。

大敗は、誰《だれ》の目にも明らかでした。そのとき、吉田《よしだ》さんは、

「おれが応援団長《おうえんだんちょう》をやる。みんな（野球部のために）スタンドに応援《おうえん》に行ってやってくれ」

そう言って、自《みずか》ら応援団長《おうえんだんちょう》を買って出たそうです。

炎熱《えんねつ》のスタンドで、学生服を着た吉田《よしだ》さんは、試合前のエールから始まり、どんなに打たれようと、どれだけ点差が広がろうと、最後まで野球部の選手たちを応援《おうえん》しつづけたそ

うです。

剣道部《けんどうぶ》の吉田《よしだ》さんが、大差がつくことがわかっている野球部の仲間たちを鼓舞《こぶ》するために、最後まで応援《おうえん》をおこない、試合後のエールの交換《こうかん》までおこない、立派《りっぱ》に役割《やくわり》を果たしたことに、感銘《かんめい》を受けた同級生は少なくなかったそうです。

そういう友だち思いの吉田《よしだ》さんの姿《すがた》を、馬場《ばば》さんはこう振《ふ》り返っています。

「吉田《よしだ》は現役《げんえき》で東京工業大学に入りました。でも、私《わたし》は一年浪人《ろうにん》したんですね。浪人《ろうにん》生活を大阪《おおさか》の自宅《じたく》で送っていたんですよ。そしたら、〝あいつ、大丈夫《だいじょうぶ》かな〟って、吉田《よしだ》はずいぶん心配してくれて、励《はげ》ます手紙を何通も送ってくれたんです。たぶん、吉田《よしだ》は、私《わたし》が相当、精神的《せいしんてき》に落ち込《こ》んでいると思ってたんだと思うんですよ。だから、ほっとけないと思ったんでしょうね。友だちはほかにもいましたが、何通も励《はげ》ましの手紙をくれたのは、吉《よし》田《だ》だけでした」

吉田《よしだ》さんは手紙だけでなく、休みで大阪《おおさか》に帰省してきたときに、さっそく馬場《ばば》さんを訪《たず》ねてきてくれたそうです。開口一番《かいこういちばん》、吉田《よしだ》さんはこう言ったのです。

「心配したぞ、おまえ」

それは、いかにも吉田《よしだ》さんらしい言葉でした。馬場《ばば》さんには、自分のことを吉田《よしだ》さんがずっと心配してくれていたことが、そのひと言でわかりました。

しかし、浪人《ろうにん》生活を送っている馬場《ばば》さんの表情《ひょうじょう》や姿《すがた》が、きっと吉田《よしだ》さんの予想より「元気」だったのでしょう。吉田《よしだ》さんは豪快《ごうかい》に笑って、こう言ったそうです。

「あんがい元気そうやな。心配して損《そん》したわ！」

大学受験のために浪人《ろうにん》生活を送ることは、誰《だれ》にとってもつらいことです。特に、剣道部《けんどうぶ》でもいろいろと力になってあげていた馬場《ばば》さんが心細く思っているんじゃないか、と吉田《よしだ》さんは心配でたまらなかったのでしょう。

のちに福島第一原発事故《じこ》のなかで、生と死の狭間《はざま》でたたかう仲間を気づかいながら、最後まであきらめずに指揮《しき》をとった吉田《よしだ》さんの人間性《にんげんせい》は、このころから何も変わっていなかったのだと思います。

原子力の世界へ

吉田《よしだ》さんは、高校を卒業後、東京工業大学に進み、ボート部に入りました。

埼玉《さいたま》の戸田に「艇庫《ていこ》」と呼《よ》ばれるボートを置いておく場所があって、ここでボート部は合宿生活を送っていました。

ボート部時代の仲間、永野敬二《ながのけいじ》さんはこう言います。

「荒川《あらかわ》に出ていって、こいで、戻《もど》ってきて、みんなでシャワーを浴びて、それから、やおら大学に行くわけですよ。大学では、もう眠《ねむ》くて、ほとんど授業《じゅぎょう》にならないですけどね。吉田《よしだ》はやっぱり、ほかの人間とはちょっと違《ちが》っていましたね。宗教《しゅうきょう》関係の知識《ちしき》とか、そういうのがけっこうあって、一度、エイト（八人のこぎ手とかじをとる人が乗る長いボート）が新設《しんせつ》されて、一台一台に名前をつけることになったとき、仏教的《ぶっきょうてき》なことにくわしい吉田《よしだ》が、そういう系統《けいとう》の名前をつけたことを思い出します。ちょっと、ほかのやつとは違《ちが》う雰囲気《ふんいき》がありました。なんでそんな知識《ちしき》を持ってんの、みたいな感じでね。吉田《よしだ》は東工大の第四類の機械物理学科（当時）で、大学院に進んで原子核《げんしかく》工学を専攻《せんこう》しました。通産省（現在《げんざい》の経済《けいざい》産業省《さんぎょうしょう》）にも内定をもらったけど、東京電力に入りましたね」

大学時代から吉田《よしだ》さんとつきあい、その後、結婚《けっこん》して家庭を築《きず》く洋子《ようこ》さん（五六）は、吉《よし》田《だ》さんにこんな印象を持っていました。

「主人は、若《わか》いときから、宗教《しゅうきょう》関係の本なども読んでいました。旅行に行って、有名なお寺があると、そこのご住職《じゅうしょく》に頼《たの》んで、なかまで見せていただくんです。ずけずけ行って、押《お》しが強いんですよ。でも、そういうときの対応《たいおう》を見て、すごく、おとなだなと思いました。若《わか》いときから、ふつうの若者《わかもの》とは、ちょっと違《ちが》っていました。生と死というものに、すごい興味《きょうみ》があったんだと思います。私《わたし》は〝死〟とかを意識《いしき》すると、怖《こわ》いという感じを持ってしまうんですけど、主人は達観《たっかん》（物事の本質《ほんしつ》を見定めること）しているというか、死をそういうものとは、とらえていなかったですね。死ぬんだったら、それでしょうがないじゃないかという死生観《しせいかん》（生き方・死に方に対する考え方）があって、私《わたし》でもそういう話を聞くと、ちょっと自分がホッとするというようなことがありました。主人は物事をあるがままに受け入れる、あがいてもしょうがないというか、運命を受け入れるという考え方をもともと持っていたと思います」

　吉田《よしだ》さんは、大学院で原子核《げんしかく》の理論《りろん》と研究を一生懸命《いっしょうけんめい》学びました。そして、原子力を規《き》制《せい》する側ではなく、実際《じっさい》に原子炉《げんしろ》を運転・制御《せいぎょ》する側の仕事を選び、東京電力に入社したのです。

第二章　大地震《おおじしん》

それは突然《とつぜん》やってきた

それは、いつもと変わらない一日でした。

吉田昌郎《よしだまさお》さん（五六）はそのとき、福島第一原発の事務《じむ》本館二階にある所長室で一人、書類に目を通していました。

吉田《よしだ》さんはこのとき、執行役員《しっこうやくいん》(注)福島第一原発所長でした。

四百六十九万キロワットという気の遠くなるような発電量を生み出し、首都圏《しゅとけん》の電力を支《ささ》えていた福島第一原発には、東京電力だけでなく、協力企業の社員たちを含《ふく》め、六千名を超《こ》える人たちが働いていました。

そのうち放射線《ほうしゃせん》の「管理区域《くいき》内」で作業をしている人数だけでも、およそ二千四百名も

(注)──執行役員《しっこうやくいん》　取締役会《とりしまりやくかい》が決定した業務《ぎょうむ》の執行《しっこう》に専念《せんねん》する人。

いました。そのすべての命をあずかる責任者《せきにんしゃ》が、所長である吉田昌郎《よしだまさお》さんでした。まもなく午後三時からは、所内で大切な会議が開かれることになっていました。吉田《よしだ》さんは、その会議が始まるまでに書類に目を通し、必要なハンコを捺《お》しておかなければなりませんでした。時計を見ながら、吉田《よしだ》さんは、その作業をおこなっていました。

二〇一一年三月十一日午後二時四十六分。

ゴゴゴゴゴゴゴ……不気味な音とともに、突然《とつぜん》、大地が揺《ゆ》れはじめました。

（地震《じしん》だっ）

吉田《よしだ》さんは、すぐに書類を置いて立ち上がりました。

原子力発電所にとって、地震《じしん》への対策《たいさく》は重大です。東京電力は、二〇〇七年七月、新潟《にいがた》県中越沖地震《けんちゅうえつおきじしん》の激《はげ》しい揺《ゆ》れによって、新潟県《にいがたけん》にある柏崎刈羽《かしわざきかりわ》原子力発電所の原子炉《げんしろ》が緊急《きんきゅう》停止し、火災《かさい》発生などの被害《ひがい》を受けた経験《けいけん》がありました。

吉田《よしだ》さんはそのとき、東京電力本店の原子力設備《せつび》管理部長として、復旧《ふっきゅう》に力を尽《つ》くした幹部《かんぶ》の一人でした。

（大事に至《いた》らなければいいが……）

第二章　大地震《おおじしん》

　そのときの記憶《きおく》も鮮明《せんめい》な吉田《よしだ》さんの願いに反して、揺《ゆ》れは逆《ぎゃく》に大きくなっていきました。それは机《つくえ》のはしを持っていても、立っているのが難《むずか》しいほどの揺《ゆ》れでした。

　恐《おそ》ろしい音は、ますます大きくなっていきました。机《つくえ》の斜《なな》め前に置いてあったテレビが、音を立ててひっくり返りました。

　バリバリバリバリ……何かが引き破《やぶ》られるような音が吉田《よしだ》さんの耳に突《つ》き刺《さ》さりました。天井《てんじょう》に張《は》りつけてある化粧板《けしょうばん》（天井《てんじょう》パネル）がたまらず下に向かって破《やぶ》れ、開いてしまったのです。横揺《よこゆ》れから始まった地震《じしん》は、いつの間にか、突《つ》き上げるような縦揺《たてゆ》れに変わっていました。

（まずい。机《つくえ》の下に入らなければ……）

　吉田《よしだ》さんはそう思いましたが、もう、しゃがむことさえできませんでした。吉田《よしだ》さんは身長が百八十センチメートル以上あり、体重も八十キログラムを超《こ》える大きな人です。その吉田《よしだ》さんが、机《つくえ》のはしを強く握《にぎ》って、所長室で立ったまま、揺《ゆ》れをこらえていました。

　やっと揺《ゆ》れがおさまったとき、吉田《よしだ》さんは所長室を飛び出しました。これほどの大きな地震《じしん》です。吉田《よしだ》さんには、やらなければならないことがたくさんあったのです。

福島第一原発の所内には、「免震重要棟《めんしんじゅうようとう》」という建物があります。これは、地震《じしん》などによって非常事態《ひじょうじたい》が発生したとき、それに対応《たいおう》する所員が集まるための安全性《あんぜんせい》を重視《じゅうし》した建物です。大きな地震《じしん》に耐《た》えられる「免震構造《めんしんこうぞう》」という独特《どくとく》の工法で建てられ、さらに放射能《ほうしゃのう》漏《も》れが所内で起こっても、それにも耐《た》えられるように厳重《げんじゅう》なフィルター構造《こうぞう》を持っている建物です。

それは、四年前の新潟県中越沖地震《にいがたけんちゅうえつおきじしん》での教訓から、東日本大震災《だいしんさい》が起きるわずか八か月前の二〇一〇年七月にできあがったばかりでした。

この建物の二階には、「緊急時対策室《きんきゅうじたいさくしつ》」があります。ここに吉田《よしだ》所長以下の幹部《かんぶ》が陣取《じんど》って、まず自《みずか》らの身の安全を確保《かくほ》したうえで、事故《じこ》への対処《たいしょ》をおこなうのです。

吉田《よしだ》さんは、地震《じしん》が発生してから十分もしないうちに、この緊急時対策室《きんきゅうじたいさくしつ》に入りました。日ごろから、地震《じしん》への対策《たいさく》は徹底《てってい》されています。手順どおりにおこなえば、大事には至《いた》らないはずです。ちょうど一週間前の三月四日にも、福島第一原発では、大規模《だいきぼ》な地震《じしん》への訓練がおこなわれたばかりでした。

人命と原子炉《げんしろ》を守る——吉田《よしだ》さんの頭には、それしかありませんでした。

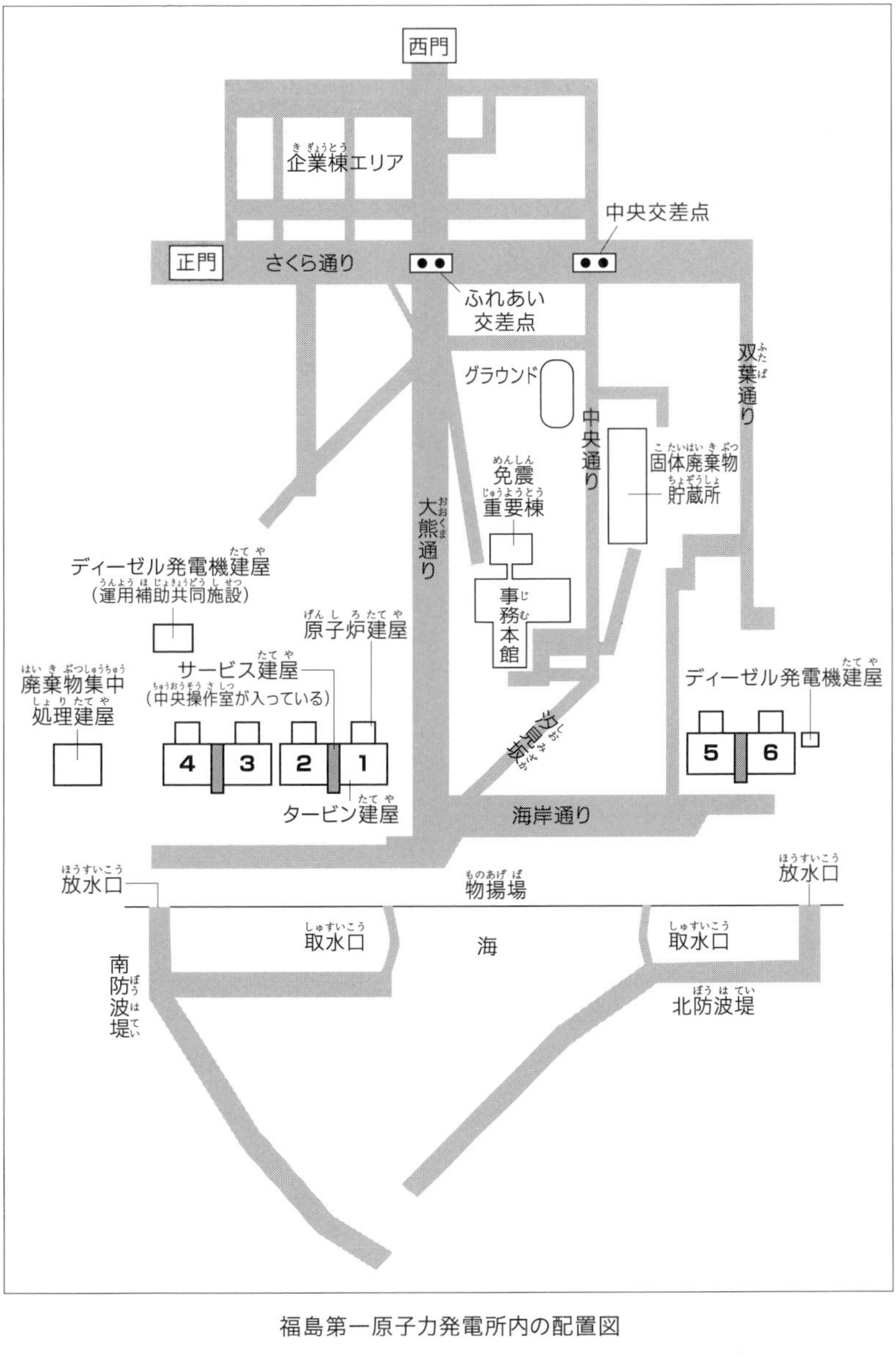

福島第一原子力発電所内の配置図

危機《き》におちいった中央操作室《ちゅうおうそうさしつ》

大きな揺《ゆ》れは、原子炉《げんしろ》をコントロールする現場《げんば》にも、非常事態《ひじょうじたい》をもたらしました。

福島第一原発には、1号機から6号機までの六つの原子炉《げんしろ》があります。これを「1・2号機中央操作室《ちゅうおうそうさしつ》」「3・4号機中央操作室《ちゅうおうそうさしつ》」「5・6号機中央操作室《ちゅうおうそうさしつ》」という三つの中央操《ちゅうおうそう》作室《さしつ》によって、それぞれ二つずつの原子炉《げんしろ》を操作《そうさ》・運転しているのです。

中央操作室《ちゅうおうそうさしつ》には、プラントエンジニアと呼《よ》ばれる運転員が詰《つ》めています。彼《かれ》らは、原子力の専門知識《せんもんちしき》と操作《そうさ》の技術《ぎじゅつ》をおさめた人たちで、交代しながら二十四時間切れ目なく、操《そう》作《さ》・運転をおこなっているのです。

地震《じしん》が起こったとき、原子炉《げんしろ》の1・2号機中央操作室《ちゅうおうそうさしつ》で指揮《しき》をとっていたのは、伊沢郁《いざわいく》夫《お》当直長（五二）です。伊沢《いざわ》さんは、一九五八（昭和三十三）年に福島県双葉郡双葉町《ふたばぐんふたばまち》に生まれ、福島県立小高《おだか》工業高校を卒業後、福島第一原発に就職《しゅうしょく》した、生粋《きっすい》の地元の人です。

農家の長男に生まれた伊沢《いざわ》さんは子供《こども》のころ、この原発がのちにできる「夫沢《おっとざわ》」と呼《よ》ばれていた台地を遊び場にしていました。

第二章　大地震《おおじしん》

一九六〇年代後半、福島第一原発が建設《けんせつ》されるときも、伊沢《いざわ》さんはよくこの地で遊んでいました。1号機の建設《けんせつ》のためにアメリカからやってきたゼネラル・エレクトリック社（GE）のエンジニアたちの子供《こども》たちとも仲良くなって、当時、日本ではほとんど誰《だれ》も持っていなかったラジコンを持っていたアメリカの少年たちと遊びに興《きょう》じた経験《けいけん》があります。

その伊沢《いざわ》さんが、たまたま当直長として勤務《きんむ》していた、まさにそのときに、大地震《おおじしん》がやってきたのです。1・2号機中央操作室《ちゅうおうそうさしつ》は、不気味な音とともに激《はげ》しく揺《ゆ》れはじめました。

「地震《じしん》だ！」

「しゃがめっ」

「つかまれ！」

伊沢《いざわ》さんが当直長席から立ち上がると同時に、中央操作室《ちゅうおうそうさしつ》内に運転員たちの大きな声が飛び交《か》いました。

運転員たちには、地震《じしん》のときに、見なければならないパラメーター（計器）がたくさんあります。中央操作室《ちゅうおうそうさしつ》は、広さが七百平方メートル（およそ二百坪《つぼ》）もあります。1・2号機中央操作室《ちゅうおうそうさしつ》には、右側に1号機、左側に2号機の計器が壁《かべ》いっぱいに並《なら》んでいます。これを「制御盤《せいぎょばん》」と呼《よ》びます。

地震《じしん》の発生を告げる声と、「身を守れ」という声があがるなか、制御盤《せいぎょばん》の近くにいた運転員たちは、揺《ゆ》れが始まると同時に、反射的《はんしゃてき》に制御盤《せいぎょばん》にとりつき、制御盤《せいぎょばん》の手前についているハンドレール（手すり）を握《にぎ》りました。

しかし、揺《ゆ》れはすさまじいものでした。マグニチュード9・0という、経験《けいけん》したことのない地震《じしん》が、運転員たちの〝動き〟を封《ふう》じていました。最初に制御盤《せいぎょばん》についているハンドレールにとりつくことができた運転員以外は、制御盤《せいぎょばん》に近づくこともできません。

ある運転員は立ったまま、また別の運転員は床《ゆか》にすわりこんで、激《はげ》しい揺《ゆ》れに耐《た》えていました。伊沢《いざわ》さんは、目の前にあるパソコンのディスプレイが机《つくえ》からころげ落ちないように右手で押《お》さえ、左手は自分の身体を支《ささ》えるために机《つくえ》の縁《ふち》を握《にぎ》っています。

「動くな！　動くんじゃない」

伊沢《いざわ》さんは、部下の運転員たちにそう叫《さけ》びました。しかし、ゴゴゴゴゴ……という大きな音と揺《ゆ》れのために、おそらく自分の声は届《とど》いていないだろうと思いました。

揺《ゆ》れはますます激《はげ》しくなっていきます。

「スクラムするぞ！」

伊沢《いざわ》さんは、今度は立ったまま、そう大声をあげました。スクラムする――それは、原子炉《げんしろ》が緊急停止《きんきゅう》する、という意味です。原子炉《げんしろ》は、地震《じしん》などの異常事態《いじょうじたい》に遭遇《そうぐう》したときには、自動的に停止する仕組みになっているのです。

まもなく、実際《じっさい》に原子炉《げんしろ》が緊急《きんきゅう》停止したことを示《しめ》す赤い表示《ひょうじ》が、制御盤《せいぎょばん》に灯《とも》りました。伊沢《いざわ》さんたちは、ひとまず、ホッとしました。

「いつもの訓練どおりおこなえば、大丈夫《だいじょうぶ》だ」

そんな思いが伊沢《いざわ》さんや運転員たちの

心をよぎったのです。

やがて揺《ゆ》れがおさまってきました。

中央操作室《ちゅうおうそうさしつ》の内部は、いろいろな警告音《けいこくおん》だけでなく、ジリジリジリジリ……という火災《かさい》報知機《ほうちき》の音など、けたたましい音に包まれていました。火災報知機《かさいほうちき》は、おそらく地震《じしん》の衝《しょう》撃《げき》で空中に舞《ま》ったほこりを感知して鳴りはじめたものでしょう。

動けるようになると、運転員たちはすぐに制御盤《せいぎょばん》に目を向けました。そしてそれぞれが、制御盤《せいぎょばん》のパラメーターの数値《すうち》を大声で読みはじめました。

火災報知機《かさいほうちき》などの音と運転員たちの声――中央操作室《ちゅうおうそうさしつ》の内部は、さまざまな〝音〟が混《ま》じり合い、まるで戦場のような状態《じょうたい》になっていました。

しかし、そのとき、地震《じしん》によって発生した大津波《おおつなみ》が、福島第一原発に向かって刻々《こっこく》と迫《せま》っていたことなど、伊沢《いざわ》さんたちは知るよしもありませんでした。

第三章　おそってきた大津波《おおつなみ》

信じられない光景

地震《じしん》から五十分ほどが経過《けいか》した午後三時半過《す》ぎのことです。

原子炉《げんしろ》が入っている原子炉建屋《げんしろたてや》が並《なら》ぶ一帯の裏《うら》に、「ディジー（DG）建屋《たてや》」と呼《よ》ばれる建物があります。そこには、電源《でんげん》が失われたときに電気を生み出す、巨大《きょだい》な非常用《ひじょうよう》ディーゼル発電機があります。そこに緊急点検《きんきゅうてんけん》にやってきていた伊賀正光《いがまさみつ》さん（三五）と荒拓也《あらたくや》さん（二三）という3・4号機の運転員が、真っ先に大津波《おおつなみ》に気がつきました。

そのとき、二人は、この建物の入口の小部屋に閉《と》じ込《こ》められていたのです。原子力発電所では外部の人が勝手に入らないように、セキュリティシステムがついています。それが誤作動《ごさどう》したため、入口の小部屋に閉《と》じ込《こ》められてしまったのです。

「あっ」

隣同士《となりどうし》の小部屋に閉《と》じ込《こ》められていた二人は、ほぼ同時に声をあげました。自分のほうに向かって、黒っぽい土色の濁流《だくりゅう》が押《お》し寄《よ》せていたのです。大津波《おおつなみ》です。

「きたなくて、土色をした濁流《だくりゅう》でした。水の色じゃありません。完全に茶色というか、黒というか、それがものすごい水しぶきを上げながら、こっちに迫《せま》っていました」

伊賀《いが》さんは、その大津波《おおつなみ》のことをそう語ります。

土色の水は、そのまま、ドーンという大きな音を立てて、DG建屋《たてや》にぶちあたりました。伊賀《いが》さんが閉《と》じ込《こ》められている小部屋のドアの窓《まど》ガラスが割《わ》れました。そして、どんどん水が入ってきました。一気に入ってきた海水のなかで、伊賀さんは「死」を意識しました。閉じ込められていた空間に、ものすごい勢いで水が入ってきたのですから、当然です。

「狭《せま》い空間にいっぺんに入ってきた水の勢《いきお》いにのまれて、洗濯機《せんたくき》のなかでぐるぐるもまれているような感じになってしまいました」

隣《となり》の小部屋に閉《と》じ込《こ》められていた荒《あら》さんも、水のなかで「死」に向かい合っていました。

荒《あら》さんが閉《と》じ込《こ》められた小部屋は、ドアが小さかったため、窓《まど》ガラスも小さく、割《わ》れま

せんでした。しかし、水は、ドアの下からどんどん入ってきたのです。

荒《あら》さんは狭《せま》い部屋のなかで、両手と両足を壁《かべ》につっぱるようにして、少しずつ上に上がっていきました。じわじわと水位は上がり、天井《てんじょう》まであと五十センチメートルほどになりました。

（ああ、終わった……もうダメだ）

荒《あら》さんは、そう思いました。

しかし、やがて水位が下がりはじめました。二人の命を危機《きき》におちいらせた津《つ》波《なみ》が海に戻《もど》りはじめたのです。

二人は九死に一生を得ました。

しかし、大津波《おおつなみ》は、伊賀《いが》さんと荒《あら》さん

の命を危《あや》うくさせただけではありませんでした。二人が閉《と》じ込《こ》められていた入口の小部屋を、大津波《おおつなみ》がそのまま通過《つうか》して、ＤＧ建屋《たてや》を水没《すいぼつ》させたことは、福島第一原発に大変な事《じ》態《たい》をもたらしていました。

非常時《ひじょうじ》の電気を生み出す非常用《ひじょうよう》ディーゼル発電機が、完全に水をかぶったのです。地震《じしん》のあと、原子炉《げんしろ》を冷却《れいきゃく》するための電気を生んでいた非常用《ひじょうよう》ディーゼル発電機が水没《すいぼつ》し、動かなくなったことで、福島第一原発は完全に「電気を失って」しまいました。

「そんなバカな……」

「ディジー（DG）、トリップ！」

若《わか》い運転員の叫《さけ》び声に、1・2号機中央操作室《ちゅうおうそうさしつ》は一瞬《いっしゅん》、音が消えたようになってしまいました。

「何？」「ディジー、トリップ？」

それは、〝ありえない事態《じたい》〟でした。「ディジー、トリップ」とは、非常用《ひじょうよう》ディーゼル発電機が、「トリップする」、すなわち電気が「落ちた」ということです。

それは、地震《じしん》で通常《つうじょう》の交流電源《でんげん》が失われていたなかで、最後の〝命綱《いのちづな》〟が切れたことを物語っています。原子炉《げんしろ》を冷却《れいきゃく》するために、もっとも大切なものが失われたということにほかなりませんでした。異変《いへん》が生じたのは、そのときです。

制御盤《せいぎょばん》のパネルについていた電光板が、パタパタパタパタ……と消えていきました。

それは、不規則《ふきそく》に、そして数十秒かけて、まさに〝パタパタ〟と消えていったのです。

「な、な、何だ……」

声にならない声が、中央操作室《ちゅうおうそうさしつ》内を包みました。

そして地震《じしん》後、一時間近く経《た》っても鳴りつづけていた警報音《けいほうおん》と、室内の明かりも突然《とつぜん》、消えてしまったのです。静寂《せいじゃく》が中央操作室《ちゅうおうそうさしつ》を支配《しはい》しました。シーンとしたなかで、ボーッと1号機側の非常灯《ひじょうとう》だけが薄《うす》くついていました。それがなければ、中央操作室《ちゅうおうそうさしつ》内は完全な暗闇《くらやみ》になっていたでしょう。

「SBO！」

静けさを破《やぶ》るように当直長の伊沢《いざわ》さんが、そう叫《さけ》びました。SBO（Station Black Out）――それは、「全交流電源喪失《でんげんそうしつ》」の意味です。これは、原子炉《げんしろ》を冷却《れいきゃく》する電気が完全にな

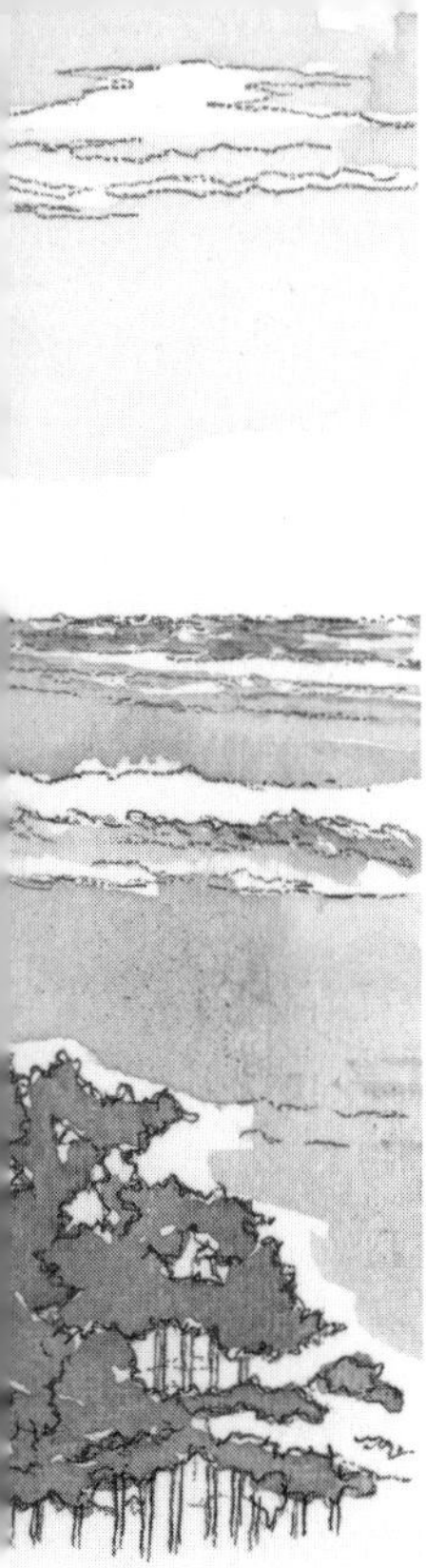

くなってしまったことをあらわしています。それは、考えうる最悪の事態《じたい》にほかなりませんでした。

「SBO！」「SBO！」

それぞれの運転員たちが、事態《じたい》を確《たし》かめ合うように「SBO」という言葉を口に出していきました。中央操作室《ちゅうおうそうさしつ》内は、あっちからも、こっちからも、「SBO」という声があがっていました。

ずぶぬれの運転員

そのときです。中央操作室《ちゅうおうそうさしつ》のドアがいきなりバーンと開いたかと思うと、若《わか》い運転員が伊沢《いざわ》さんの前に駆《か》け込《こ》んできました。

「ヤバい！　……ヤバいです！」

若《わか》い運転員は、そう叫《さけ》びました。びっくりする運転員たちが顔を彼《かれ》に向けると同時に、

「海水！　……海水が入っています！」

そう続けました。顔は真っ白になり、身体全体がずぶぬれになっていました。

「海水？　どこだ？」

反射的《はんしゃてき》に、伊沢《いざわ》さんはそう叫《さけ》んでいました。伊沢《いざわ》さんだけでなく、ほかの人間からも同時に声があがりました。どこに海水がきているのか、という意味です。

中央操作室《ちゅうおうそうさしつ》のなかにいる伊沢《いざわ》さんたちには、窓《まど》がないため外の状況《じょうきょう》がまったくわかりません。つまり、どこに海水がきているか、その意味がわからないのです。

「ここです！　この建屋《たてや》です！」

ずぶぬれの運転員はそう答えました。

「えっ？」

そんなバカな……ここは、海面から十メートルの高さがある。原子炉建屋《げんしろたてや》、タービン建屋《たてや》、サービス建屋《たてや》……など、すべての重要施設《しせつ》は、海面から十メートルの高さのこの敷地《しきち》に建っています。

そこに海水が押《お》し寄《よ》せるということは、十メートル以上の高さがある津波《つなみ》がおそってきたことになります。はたして、そんなことがありうるのか。しかし、顔面蒼白《がんめんそうはく》の運転員と、そのずぶぬれの姿《すがた》が、それが事実であることを物語っています。

SBOがなぜ起こったか――。

伊沢《いざわ》当直長以下、中央操作室《ちゅうおうそうさしつ》内の全員にこのとき、その驚《おどろ》きの事態《じたい》の「原因《げんいん》」が初めてわかったのです。懐中電灯《かいちゅうでんとう》を持って作業に向かっていた運転員は、何か不気味な音を聞き、引き返してくる途中《とちゅう》に、流れ込《こ》んでくる海水に遭遇《そうぐう》したというのです。

あとでわかりますが、この津波《つなみ》は、福島第一原発をおそった第二波でした。

大津波《おおつなみ》の第一波がやってきたのは、午後三時三十分近くのことでした。この第一波がきたあと、津波《つなみ》は何度も繰《く》り返《かえ》し、やってきました。

もっとも大きかったのが、第二波でした。海面から十メートルの高さに建っている福島第一原発の原子炉《げんしろ》建屋《たてや》、タービン建屋《たてや》、サービス建屋《たてや》などの重要な施設《しせつ》を、高さ十数メートルの大津波《おおつなみ》がすべてのみこんでいったのです。

衝撃《しょうげき》でした。ヤバい——若《わか》い運転員が叫《さけ》んだその言葉が、それぞれの運転員の頭にこだましていました。たしかに、それは絶望《ぜつぼう》的な状態《じょうたい》でした。

電源《でんげん》は、すべて失われました。これによって、電動の弁《べん》やポンプのほか、原子炉《げんしろ》をコントロールするための〝命〟ともいえる監視《かんし》計器などが、すべてストップしたのです。

それだけではありません。福島第一原発は、まるで集中爆撃《ばくげき》を受けたかのようでした。津波《つなみ》がもたらしたガレキが散乱《さんらん》し、道路も陥没《かんぼつ》していました。しかも、余震《よしん》はずっと繰《く》り返《かえ》されていました。

大津波警報《おおつなみけいほう》が継続《けいぞく》するなか、実際《じっさい》に中小の津波《つなみ》も、まだ何度も押《お》し寄《よ》せていました。いつまた、あの大津波《おおつなみ》がくるかもわからない。そんなどうにもならない状況《じょうきょう》に、彼《かれ》らは置かれました。そこから、「故郷《ふるさと》」を、そして「日本」を救うための絶望《ぜつぼう》的なたたかいが始まったのです。

第四章　絶望《ぜつぼう》とのたたかい

「なぜなんだ！」

全交流電源喪失《でんげんそうしつ》――。

緊急時対策室《きんきゅうじたいさくしつ》で伊沢《いざわ》さんからの電話連絡《れんらく》を受けた吉田所長《よしだ》は、「ありえないことが起こった」と思いました。

「どういうことだ！」

吉田《よしだ》さんは反射的《はんしゃてき》に、そう叫《さけ》んでいました。

そのときのことを、吉田《よしだ》さんはこう話してくれました。

「なぜだ、と思いました。非常用電源《ひじょうようでんげん》を失いました、という報告《ほうこく》ですからね。こっちは中《ちゅう》央操作室《おうそうさしつ》との連絡《れんらく》だけしかありませんから、細かいことはわからないんですよ。なんでそうなったかまでは、この時点ではわからない。テレビで気象庁《きしょうちょう》の津波情報《つなみじょうほう》も流れていましたが、そんなに大きな津波《つなみ》がくるという情報《じょうほう》はなかったわけです。まさか、あんな十何メートルもの大津波《おおつなみ》がくるとは思っていませんでした。

しかし、やがて原因《げんいん》が津波《つなみ》であったことがわかってくるんです。全電源《ぜんでんげん》がダメになったということは、いずれにしても、これは電源《でんげん》をまったく使えないという前提《ぜんてい》でものを考えないといけないことになったということです。これはもう、今まで考えていたこととは全然、違《ちが》う段階《だんかい》に入ったと思いました」

このとき、吉田《よしだ》さんは、不思議なほど冷静でした。これまで吉田《よしだ》さんは、さまざまな事《じ》故《こ》やトラブルに対応《たいおう》してきています。東京電力の本店で勤務《きんむ》しているときも、現場《げんば》にいるときも、さまざまな場面で緊急対応《きんきゅうたいおう》をしてきた経験《けいけん》が吉田《よしだ》さんにはあったのです。

いつの間にか吉田《よしだ》さんには、何かが起こったときには、〝最悪の事態《じたい》〟を想定する習性《しゅうせい》が身についていました。

「そうか……。最悪の事態《じたい》がくるかもしれない」

吉田《よしだ》さんは、そう考えたのです。

「頭のなかはパニック状態《じょうたい》になっているはずなんです。不思議なんですが、最悪の事態《じたい》になるかもしれないと思いながらも、もう一方で、冷静に、なんとかせんといかんな、と対《たい》策《さく》を考えていました。これは、電気のない状態《じょうたい》でたたかわなければいけないわけですから、言ってみれば空を飛んでいる飛行機を、コックピットで目隠《めかく》しをされたまま、油圧《ゆあつ》も何もない状態《じょうたい》で着陸させるようなものでした。やらなければならないことが、頭のなかでぐるぐる回転しはじめたわけです」

時間が経《た》つにつれ、吉田《よしだ》さんのもとに情報《じょうほう》が入りはじめました。

「いろんな情報《じょうほう》が入ってくるわけですよ。津波《つなみ》の情報《じょうほう》が入ってくるし、中央操作室《ちゅうおうそうさしつ》が真っ暗になったとか、電源《でんげん》が落ちているから、計器の針《はり》も見えないだとか、そういう現場《げんば》の情《じょう》報《ほう》がどんどんくるわけです。ですから、大変だと思っている以上に、現実《げんじつ》に起こっていることの報告《ほうこく》が、もう、波のように押《お》し寄《よ》せてきたわけです。私《わたし》は、それを聞いて指示《しじ》をしないといけなかったですね」

吉田《よしだ》さんは、さまざまなことを指示《しじ》しながら、日本を救うことになる決定的なことを、このとき、おこなっています。

それは、消防車《しょうぼうしゃ》の手配です。

これは絶望状態《ぜつぼうじょうたい》におちいった日本が、「助かるため」の第一歩でした。それは、太平洋の水（海水）を原子炉《げんしろ》に入れて「冷却《れいきゃく》」をおこなうためのものだったのです。

「私《わたし》は、ずっと原子力の保修《ほしゅう》とか、発電の運営《うんえい》をするような仕事をしてきたもんですから、山ほどトラブル処理《しょり》をさせられてきたんですよね。入社して以来、ずいぶんやらされました。そのなかでつちかわれてきたんじゃないかと思いますが、ないものねだりをしても、ないものはないんでしかたがないんですよ。そのなかでやるしかないという、一種の開き直りみたいなのができていたと思います。できることを今、やるしかないわけですから、知恵《ちえ》を出してできることをやる、それなら、いったい何が必要なのか、という発想をするようになっていたと思います」

吉田《よしだ》さんは、大阪《おおさか》の出身で、こてこての関西人です。そのときのことを、吉田《よしだ》さんはこう言いました。

「大阪弁《おおさかべん》でいえば、どないすんねん、という感じです。いい加減《かげん》にしてくれよ、なんでおれのときにこんなこと起こらないかんねん、と。現場《げんば》からどんどん報告《ほうこく》が上がってくるなかで、次に打つ手を考えながら、どないすんねん、と思っていました」

吉田《よしだ》さんの頭のなかは、「これはヤバいぞ」という部分と、さまざまな対策《たいさく》のために頭をフル回転させて、「次々《つぎつぎ》と指示《しじ》を出す」部分の不思議な〝二層構造《にそうこうぞう》〟になっていました。原《げん》子炉《しろ》を電気で冷やすことができなければ、水で冷やすしかありません。水なら海にいくらでもあります。では、その水をどうやって運べばいいのでしょうか。

吉田《よしだ》さんはそれを考えました。しかし、三台あった福島第一原発の消防車《しょうぼうしゃ》は地震《じしん》と津波《つなみ》のために二台が動けなくなり、大丈夫《だいじょうぶ》だったのは、たった一台だけでした。

吉田《よしだ》さんは、それがわかった午後五時過《す》ぎには、消防車《しょうぼうしゃ》の手配をおこなっています。

「とにかく水で冷やすほかはない。では、もし、水を入れられなかったら、どうなるんだろうと。それはもうずっと、そのときから思っていましたね。私《わたし》は水を原子炉《げんしろ》に入れるには、消防車《しょうぼうしゃ》しかない、と思いました。海からの距離《きょり》がありすぎて、消防車《しょうぼうしゃ》のホースが届《とど》かなければ、消防車《しょうぼうしゃ》を〝つなげばいいじゃないか〟と、そう考えました」

そのためには、最低、二台の消防車《しょうぼうしゃ》を持ってきてもらう必要がありました。そして吉田《よしだ》さんの要請《ようせい》は、陸上自衛隊《じえいたい》に伝えられたのです。

原発の暴発《ぼうはつ》を止めた消防車《しょうぼうしゃ》

福島第一原発から西に約六十キロメートル離《はな》れた郡山市《こおりやまし》には、陸上自衛隊《じえいたい》第六師団《しだん》の「第六特科連隊」が駐屯《ちゅうとん》しています。郡山駐屯地《こおりやまちゅうとんち》の自衛隊員《じえいたいいん》の九五パーセントは、地元・福島県の出身者です。浜通《はまどお》りはもちろん、福島県全域《ぜんいき》から隊員が集まった〝郷土《きょうど》部隊〟なのです。

「消防車派遣《しょうぼうしゃはけん》の準備《じゅんび》をせよ」

第六特科連隊にこれまで経験《けいけん》したことのない命令が下りてきたのは、地震《じしん》から三時間ほど経《た》った三月十一日夕刻《ゆうこく》のことです。

「消防車《しょうぼうしゃ》？　なぜ？」

各駐屯地《ちゅうとんち》には、火事に備《そな》えて消防車《しょうぼうしゃ》が通常《つうじょう》、一台ずつ配備《はいび》されています。基本的《きほんてき》には駐《ちゅう》屯地《とんち》内の火事に対応《たいおう》するためであり、ときには、近隣地域《きんりんちいき》での火事に出動することもありますが、そんなことはめったにありません。もちろん、これまでの災害派遣《さいがいはけん》で、消防車《しょうぼうしゃ》の出動要請《ようせい》がなされた経験《けいけん》もありません。

自衛隊《じえいたい》の幹部《かんぶ》たちは、この命令を不思議に思いました。しかし、史上最悪の原発事故《じこ》になりつつあったこの段階《だんかい》で、消防車《しょうぼうしゃ》による冷却《れいきゃく》活動という吉田《よしだ》さんの発案は、自衛隊《じえいたい》が持つ消防車《しょうぼうしゃ》への「出動要請《ようせい》」というかたちで、この時点で郡山駐屯地《こおりやまちゅうとんち》に届《とど》いていたのです。

それは、さらにその存在《そんざい》が「日本を救う」要因《よういん》の一つになることなど、このとき、誰《だれ》も予想していませんでした。

郡山《こおりやま》の第六特科連隊の本部中隊で消防班《しょうぼうはん》に所属《しょぞく》する渡辺秀勝陸曹長《わたなべひでかつりくそうちょう》（四六）に、ただちにその命令は伝えられました。

「福島駐屯地《ちゅうとんち》にも消防車《しょうぼうしゃ》がある。そこと合流し、消防車《しょうぼうしゃ》二台で福島第一原発に向かえ」

命令はそういうものでした。渡辺陸曹長《わたなべりくそうちょう》たちは、準備《じゅんび》を整えて出発を待ちました。

その間、渡辺《わたなべ》さんは家族にメールを入れました。なかなか携帯《けいたい》もつながらないなか、メールは通じていました。渡辺《わたなべ》さんは、福島県の猪苗代湖《いなわしろこ》の南、湖南《こなん》の生まれであり、高校生の一人娘《ひとりむすめ》を持つ父親でもあります。原発事故《じこ》のただなかに向かうのです。それは、ある種の覚悟《かくご》を求められる出動だったことは間違《まちが》いありません。

「これから原発に向かう。何日かかるかわからない。あとは頼《たの》んだ」

渡辺《わたなべ》さんは、まずそんな短いメールを妻《つま》に送りました。そして、一人娘《ひとりむすめ》には、

「お父さんは行ってくる。何かあったら、おばあさんの世話になりなさい。連絡《れんらく》がなければ、大丈夫《だいじょうぶ》ということだから」

そういう内容《ないよう》のメールを送りました。

「大丈夫《だいじょうぶ》？」「お父さん、がんばって！」

二人からは、そんなメールが返ってきました。ひとたび大きな災害《さいがい》が起これば、自衛隊《じえいたい》員《いん》はいつ家に帰ることができるのかわかりません。それが自衛隊《じえいたい》に身を置く者の宿命《しゅくめい》であり、家族もそのことは承知《しょうち》しています。しかし、事故《じこ》のさなかの原発に向かうとなれば、家族の不安もこれまでの災害派遣《さいがいはけん》のときとは違《ちが》いました。家族は、放射能《ほうしゃのう》への不安を打ち消しながら、〝お父さん〟の無事を祈《いの》ったのです。

「〝神さま〟が来た」

渡辺《わたなべ》さん以下七名が、まず郡山《こおりやま》から福島に向かい、そして福島駐屯地《ちゅうとんち》の消防隊《しょうぼうたい》五名を加えて、総勢《そうぜい》十二名となって福島第一原発に向かったのは、日が変わって三月十二日午前二

時半のことです。
　暗闇《くらやみ》のなか、国道一一四号線を渡辺《わたなべ》さんたちは、福島第一原発のある東に向かいます。国道はあちこちで割《わ》れ目が生じ、隆起《りゅうき》したり、土砂崩《どしゃくず》れを起こしていたり、通行不能《ふのう》の場所がいくつもありました。そのたびに一行は、道を変え、まわりこむなど、さまざまなことをおこないました。途中《とちゅう》、避難《ひなん》する住民たちの車とすれ違《ちが》いながら、渡辺《わたなべ》さんたちは、確実《かくじつ》に原発に近づいていきました。
　真っ暗な夜の闇《やみ》がしだいに明けていきます。東に向かう渡辺《わたなべ》さんたちは、薄《うす》く、ややかすみがかった明るさを見せはじめた太平洋に向かって進んでいました。

目的地・福島第一原発の正門に到着したとき、時計は、朝七時をまわっていました。ふだんなら数時間で来られる場所に、渡辺《わたなべ》さんたちは、夜中じゅう、ずっと走って、ついに目的地にたどり着いたのです。この敷地《しきち》内で日本を揺《ゆ》るがす大変な事態《じたい》が進行していることなど想像《そうぞう》もできないほど、そこは静けさに包まれていました。

「自衛隊《じえいたい》です。要請《ようせい》に応《おう》じて消防車《しょうぼうしゃ》とともに参りました」

「お待ちください。すぐ連絡《れんらく》します」

まもなく、案内役の所員が正門に迎《むか》えにやってきました。

「自衛隊《じえいたい》さん、ご苦労さまです。本当にありがとうございます……」

渡辺《わたなべ》さんたちも、そして迎《むか》える側も、いずれも福島県の人間です。あいさつが終わると、さっそく渡辺《わたなべ》さんは、こう言いました。

「何でも、やらせてもらいます。まず何をすればいいですか？」

案内役の所員は、原子炉《げんしろ》の冷却《れいきゃく》活動への協力と、免震重要棟《めんしんじゅうようとう》への水の供給《きょうきゅう》など、やってほしいことがヤマほどあることを告げました。

しかし、渡辺《わたなべ》さんたちは、そこで足止めされてしまいます。ちょうどその時間帯は、東京からヘリコプターで菅直人《かんなおと》総理《そうり》が福島第一原発にやってくるときでした。

不幸なことに渡辺《わたなべ》さんたちが到着《とうちゃく》した時間が、菅総理《かんそうり》一行の訪問《ほうもん》と重なってしまったのです。渡辺《わたなべ》さんたちは、ここで一時間半ほど待たされることになりました。

「自衛隊郡山駐屯地消防隊《じえいたいこおりやまちゅうとんちしょうぼうたい》七名、ただいま到着しました」

「同じく福島駐屯地消防隊《ちゅうとんちしょうぼうたい》五名、到着しました」

福島第一原発の免震重要棟《めんしんじゅうようとう》の玄関《げんかん》に渡辺《わたなべ》さんたち陸上自衛隊《じえいたい》の面々《めんめん》が顔を出したのは、三月十二日朝八時半ごろのことです。菅総理《かんそうり》一行が視察《しさつ》を終えて、福島第一原発から飛び去ったのでした。

「〝神さま〟が来た」「ひょっとしたら助かるかもしれない」

渡辺《わたなべ》さんたちが到着《とうちゃく》したとき、免震重要棟《めんしんじゅうようとう》にいた福島第一原発の所員たちは、そう思ったそうです。

すべての電源《でんげん》を失い、原子炉《げんしろ》を冷やす手段《しゅだん》がなくなったため、所員は絶望《ぜつぼう》のなかにいました。しかし、そこに海水で原子炉《げんしろ》を冷却《れいきゃく》するために不可欠《ふかけつ》な消防車《しょうぼうしゃ》がやってきたのです。

冷却《れいきゃく》するための手段《しゅだん》ができた――。それは、絶望《ぜつぼう》におちいっていた彼《かれ》らの心に光をもたらすものでした。

渡辺《わたなべ》さんは、顔は浅黒く、歯は真っ白で、精悍《せいかん》な顔つきをした自衛官《じえいかん》です。敬礼《けいれい》をしてあいさつをする渡辺《わたなべ》さんの姿《すがた》を、多くの所員が目撃《もくげき》していました。それは、「日本が助かるかもしれない」という希望の姿《すがた》でもあったのです。

始まった注水活動

渡辺《わたなべ》さんたちは、まず放射線《ほうしゃせん》を帯びた粉塵《ふんじん》の付着を防ぐタイベックという服の着用法を習いました。

「これを着てください。手袋《てぶくろ》はこれをつけてください。これでセットになっていますから」

放射能《ほうしゃのう》から自分の身体を守りながら作業をするには、その服を着る必要がありました。

「1号機への注水・冷却《れいきゃく》活動をお願いします。現場《げんば》で、東京電力の人間が説明しますので、それに従《したが》ってください。先導《せんどう》しますので、消防車《しょうぼうしゃ》でついてきてください」

渡辺《わたなべ》さんたちは、休む間もなく、九時ごろからさっそく支援《しえん》活動に入りました。要請《ようせい》されたのは、１号機への注水活動です。

「防護《ぼうご》マスクをつけて、放射能《ほうしゃのう》を防《ふせ》ぐ黄色い服を着て、免震重要棟《めんしんじゅうようとう》を出ていきました。海のほうに向かうと、ガレキがすごかったですね。道路が通れない状況《じょうきょう》で、ガレキを片《かた》づけながら、１号機のほうに近づいていきました」

渡辺《わたなべ》さんの目は、信じられない光景にくぎづけになりました。

「ひっくり返ったり、頭のほうから地中につき立っているような感じの車がいっぱいあって、すごかったですね。それに、津波《つなみ》に流されてきた大きな重油タンクが道をふさいでしまって、通れなくなっていました。やっと現場《げんば》まで行き、要請《ようせい》されたとおり、福島と私《わたし》たち郡山《こおりやま》の消防車《しょうぼうしゃ》、そして東京電力の消防車《しょうぼうしゃ》をつないで注水活動に入りました」

それは、４号機側の貯水槽《ちょすいそう》から福島駐屯地《ちゅうとんち》の消防車《しょうぼうしゃ》が水をとり、ホースをつないで郡山《こおりやま》駐屯地《ちゅうとんち》の消防車《しょうぼうしゃ》のタンクに入れ、さらにホースをつないで、東京電力の消防車《しょうぼうしゃ》のタンクに入れ、そこから1号機に注水していくというものでした。

「防護《ぼうご》マスクをしているんで、大きな声を出しても、聞こえないんですよ。ですから、手信号で、作業をおこないました。東京電力の防護《ぼうご》マスクは、すごく見やすくて、空気も吸《す》

いやすいし、軽くて、ふだん、私《わたし》たちが使っているものより、よかったですね」

渡辺《わたなべ》さんはそう言いました。

午前九時ごろからの活動は、午後二時ごろまで続きました。自衛隊《じえいたい》と福島第一原発の所員たちの連携《れんけい》は見事でした。

渡辺《わたなべ》さんたちは、交代で昼ご飯を食べに免震重要棟《めんしんじゅうようとう》の緊急時対策室《きんきゅうじたいさくしつ》に入っています。そのとき、渡辺《わたなべ》さんは、緊張《きんちょう》に包まれた緊急時対策室《きんきゅうじたいさくしつ》の様子《ようす》に強い印象を受けました。

「テレビ会議のスクリーンがあって、なかには食事をしている人もいるし、廊下《ろうか》や階段《かいだん》、あるいはそのまわりでは、ぐったりして寝《ね》ている人もいました。本当にぐったり、という感じで倒《たお》れている人が印象的でしたね。東京電力の青っぽい作業着を着たまま、何もかけない状態《じょうたい》で、床《ゆか》でそのまま身体を横にしていました」

渡辺《わたなべ》さんたちは、外の作業から帰ってくるときは、外で着ていたものを一つの袋《ふくろ》にまとめて入れ、そのまま所員に渡しました。放射能《ほうしゃのう》に汚染《おせん》されているからです。

「放射線《ほうしゃせん》の管理は徹底《てってい》していました。玄関《げんかん》のところで、線量を測《はか》られて、異常《いじょう》なしになってから、上に上がっていくんです。免震重要棟《めんしんじゅうようとう》のなかでは、自分たちが持っていった自衛《じえい》隊《たい》の作業服に着替《きが》えて、それで次に〝行くぞ〟となったら、また服を着替《きが》えて出発するんです。それを三、四回、繰《く》り返《かえ》しました」

作業は、危険《きけん》と隣合《となりあ》わせのなかでおこなわれていました。

こうして渡辺《わたなべ》さんたちは、なによりも冷却《れいきゃく》のために必要とされていた消防車《しょうぼうしゃ》を届《とど》けたうえに、ガレキの取りのぞきから始まり、初期の注水活動を全面的に支《ささ》えたのです。そして、海水注入に移《うつ》るその日の夕方以降《いこう》も、文字どおり、彼《かれ》らが持ってきた消防車《しょうぼうしゃ》は「日本を救う」作業の中心となるのです。

第五章　命をかけた突入《とつにゅう》

「注水ラインをつくれ」

1・2号機中央操作室《ちゅうおうそうさしつ》は、緊迫《きんぱく》の度を強めていました。三月十一日の大地震《おおじしん》後、中央操《ちゅうおうそう》作室《さしつ》には、時間が経《た》つにつれ、この日の当直勤務《きんむ》ではなかった人たちが次々《つぎつぎ》と駆《か》けつけていました。

夜がきても、そんな〝応援《おうえん》部隊〟が集まってきていました。彼《かれ》らは、この日、たまたま当直でなかっただけで、ひょっとしたら、自分が詰《つ》めているときに地震《じしん》が起こったかもしれないのです。

それを考えれば、いてもたってもいられず、ある者は車で、ある者は歩きで、長い時間をかけて駆《か》けつけてきたのです。そのために最初十人あまりしかいなかった1・2号機中《ちゅう》央操作室《おうそうさしつ》も、夜には四十人近くにふくれあがっていました。

それは、苦難《くなん》に立ち向かおうとする仲間を助けようという意識《いしき》と、絶対《ぜったい》に事故《じこ》の拡大《かくだい》を止めなければならないという強い使命感によるものだったでしょう。

一つ間違《まちが》えば、自分の命が失われるかもしれません。それでも、彼《かれ》らは、中央操作室《ちゅうおうそうさしつ》に駆《か》けつけてきたのです。建物のなかに入ると、暗闇《くらやみ》のなかで、緊急時対策室《きんきゅうじたいさくしつ》にいる吉田《よしだ》所長からの指示《しじ》や命令を受けて、あわただしく作業をしている運転員の姿《すがた》が目に飛び込《こ》んできました。

吉田《よしだ》所長の命令は、具体的で、細かいものです。さらに、そこに伊沢《いざわ》当直長を中心に、自分たちが必要だと考えた作業も独自《どくじ》に加わっています。絶《た》え間なく人々《ひとびと》が動きまわる空間は、戦場のようでした。外から駆《か》けつけてきた人たちのなかには、いつもの中央操作室《ちゅうおうそうさしつ》とのあまりの違《ちが》いに言葉を失う人が少なくありませんでした。

中央操作室《ちゅうおうそうさしつ》は暗闇《くらやみ》になっており、唯一《ゆいいつ》の明かりは天井《てんじょう》からはずした一本の蛍光灯《けいこうとう》です。これに自動車からはずしてきたバッテリーをつないで、伊沢《いざわ》当直長のデスクの上にポンと置いてあるだけでした。二百坪《つぼ》ほどの広さを持つ中央操作室《ちゅうおうそうさしつ》が、自動車のバッテリーにつないだ一本の蛍光灯《けいこうとう》だけで照らされているのです。あとは、懐中電灯《かいちゅうでんとう》だけが頼《たよ》りです。

そんななかに、四十人近いプラントエンジニアたちが集まったのです。彼《かれ》らは、なんとかして事態《じたい》を終息《しゅうそく》させようという執念《しゅうねん》を持つプロフェッショナルたちでした。

中央操作室《ちゅうおうそうさしつ》の内部は、一種独特《どくとく》の空気がただよっていました。

大津波《おおつなみ》の直後から、彼《かれ》ら運転員たちは、何度も原子炉建屋《げんしろたてや》に突入《とつにゅう》していました。いちばん大きな作業は、原子炉《げんしろ》へ水を入れるために「注水ライン」をつくることでした。原子炉《げんしろ》建屋《たてや》には、水を通すさまざまなラインがありますが、それを原子炉《げんしろ》を冷却《れいきゃく》するために直接《ちょくせつ》、原子炉《げんしろ》に入る水のラインにつくりかえなければならなかったのです。

「注水ラインの構築《こうちく》を頼《たの》む」

吉田《よしだ》所長からは、その命令が出されています。

「はい、すでに着手しております。消火ラインを使おうと思っています」

伊沢《いざわ》さんは、そう答えています。

プロのプラントエンジニアたちには、やらなければならないことはわかっています。原《げん》子炉《しろ》を冷やす手段《しゅだん》が「水」しかなければ、水を原子炉《げんしろ》に入れる緊急《きんきゅう》のライン構築《こうちく》が必要でした。そのため、吉田《よしだ》所長の命令が出る前に、伊沢《いざわ》さんたちはすでにその作業に入っていたのです。伊沢《いざわ》さんたちは、スプリンクラー（火災《かさい》が起きると自動的に散水する装置《そうち》）などに水を送る消火ラインを利用して、原子炉《げんしろ》への注水ラインをつくろうと考えたのです。

しかし、それには原子炉建屋《げんしろたてや》のなかに入って、水を通すラインのバルブ（弁）を開けたり、閉《し》めたりしなければなりません。その作業を伊沢《いざわ》さんたち1・2号機中央操作室《ちゅうおうそうさしつ》に詰《つ》めていた運転員たちは、大津波《おおつなみ》がきて以降《いこう》、おこなっていたのです。

汚染《おせん》された原子炉建屋《げんしろたてや》に入るためには、防護《ぼうご》マスクを着用しなければなりません。何度も突入《とつにゅう》した運転員は、こう語りました。

「原子炉建屋《げんしろたてや》のなかは暑くて汗《あせ》が出て、それが防護《ぼうご》マスクのなかにたまりました。目がしみて、痛《いた》くてたまりませんでしたが、汗《あせ》を外へ出せば、そのときに放射線《ほうしゃせん》や放射性物質《ほうしゃせいぶっしつ》がマスクのなかに入ってきますから、がまんしました。痛《いた》くてしみるので、目をつむったままバルブを開けたり、閉《し》めたりをしたことを覚えています」

きびしい作業を彼《かれ》らは、数時間の内に終わらせていました。原子炉建屋《げんしろたてや》の汚染《おせん》が進み、入ることが禁止《きんし》になる午後八時ごろまでに、彼《かれ》らがこの消火ラインを使っての「注水ラインの構築《こうちく》」に成功していたことは、日本が救われる奇跡《きせき》の大きな要素《ようそ》となりました。

「**ベントしかない**」

それでも、1号機の状況《じょうきょう》の悪化は止まりませんでした。格納容器《かくのうようき》の圧力上昇《あつりょくじょうしょう》が止まらないのです。日付が変わる三月十二日午前零時《れいじ》を過《す》ぎるころ、1号機の格納容器《かくのうようき》の圧力《あつりょく》は、ついに六百キロパスカル（パスカルは圧力《あつりょく》の単位）を超《こ》えてきました。

「ベントしかない」

プロのプラントエンジニアである当直長たちは、そう思っていました。

ベントには、「排出口《はいしゅつこう》」という意味があります。原子炉《げんしろ》のなかの圧力《あつりょく》があまりに大きくなると、圧力容器《あつりょくようき》が破裂《はれつ》します。そして、それを包んでいる格納容器《かくのうようき》が爆発《ばくはつ》してしまうのです。そうなれば、東日本全体が危機《きき》におちいります。

それを防《ふせ》ぐためには、なかの圧力《あつりょく》を外に逃《に》がしてやる必要があります。逃《に》がすためには、弁《べん》を開けなければなりません。それが「ベント」です。

電気がきていれば、ボタン一つでベントをおこなうことができますが、電源《でんげん》が失われているので、放射能汚染《ほうしゃのうおせん》のただなかにある原子炉建屋《げんしろたてや》に突入《とつにゅう》しなければなりません。これまで世界じゅうの原発で一度も本格的におこなわれたことがない、きびしくつらい作業です。それでも、ベントをするしかない——言葉には出さなくても、伊沢《いざわ》さんたちベテランには、そのことがわかっていました。

そのときです。免震重要棟《めんしんじゅうようとう》の緊急時対策室《きんきゅうじたいさくしつ》から電話が入りました。吉田《よしだ》所長からです。

「伊沢《いざわ》君。ベントをやる。ベントに行くメンバーを決めておいてくれ」

吉田《よしだ》さんは、そう単刀直入に伊沢《いざわ》さんに告げました。

「それしかない」とわかっていた伊沢《いざわ》さんも、「ベントをやる」という言葉を実際《じっさい》に聞くと、心が震《ふる》えました。すでに午後八時以降《いこう》、原子炉建屋《げんしろたてや》に「入ってはいけない」と決められています。それにもかかわらず、突入《とつにゅう》してベントをおこなうのです。

汚染《おせん》が進んでいる原子炉建屋《げんしろたてや》に突入《とつにゅう》するには、被曝《ひばく》（人体が放射線《ほうしゃせん》を浴びること）を防《ふせ》ぐ装《そう》備《び》が必要です。それは、まるで、宇宙《うちゅう》遊泳のときに着る宇宙服《うちゅうふく》のようなものでした。

下にタイベックを着て、その上には、消防《しょうぼう》レスキュー隊が炎《ほのお》のなかに飛び込《こ》むときに着用する「耐火服《たいかふく》」を着るのです。そして、重さ五キログラムの空気ボンベを背負《せお》い、そこからセルフエアセット（携行式《けいこう》の呼吸保護具《こきゅうほごぐ》）を装着《そうちゃく》します。まさに宇宙遊泳《うちゅう》の格好《かっこう》そのままです。

どうベントをおこなうか。どのバルブを開けるのか。それは誰《だれ》が行くのか。ベントしか日本が助かる方法がない以上、それはどんな困難《こんなん》があろうとやりとげなければなりません。

そのときの思いを、伊沢《いざわ》さんはこう語ります。

「ここまで行き着いたら、当然、ベントが必要になってくるのは、私《わたし》たちにはわかっていました。しかし、ベントを実際《じっさい》にやらなければならないと考えたときは、自分の家族、自分の住んでいる地域《ちいき》、いろいろな景色《けしき》が本当に頭のなかに浮《う》かんできました。そのころは、自分自身については覚悟《かくご》を決めていましたが、目の前にいる運転員は絶対《ぜったい》に生かして帰す、絶対《ぜったい》に命はかけさせないということも、決めていました。そんななかで、ベントの人選の指令がきたのです。当然、生と死の話ですから、あのときのことは今も忘《わす》れられないです」

伊沢《いざわ》さんには、日本を救うための責任《せきにん》が覆《おお》いかぶさっていたのです。

吉田《よしだ》所長は、もっともきびしいたたかいとなった1・2号機中央操作室《ちゅうおうそうさしつ》に、たまたま伊《い》沢《ざわ》さんが当直長としていてくれたことについて、こう語りました。

「あのとき、伊沢《いざわ》があそこにいてくれたのは、本当に助かった。技術的《ぎじゅつてき》なことはもちろんですが、ハートの面でも信頼《しんらい》できる男なんです。伊沢《いざわ》ならやってくれる、とずっと思っていました」

強い信頼感《しんらいかん》で結ばれた吉田《よしだ》所長と伊沢《いざわ》当直長との間で、世界初のベントに向かって、事《じ》態《たい》は猛然《もうぜん》とつき進んでいました。

「おれが行く！」

「みんな、聞いてくれ」

中央操作室《ちゅうおうそうさしつ》に集まっている四十名近いプラントエンジニアたちに向かって、伊沢《いざわ》さんはそう語りかけました。中央操作室《ちゅうおうそうさしつ》内も、だんだん汚染《おせん》が広がり、放射線量《ほうしゃせんりょう》が上がってきていました。特に、当直長席から右側の1号機側の線量が高くなっていました。

疲労《ひろう》が増《ま》していた運転員たちは、いすにすわった者、床《ゆか》にすわりこんだ者、あるいは身体を床《ゆか》に横たえたままの者……さまざまでした。

およそ二百坪《つぼ》もある中央操作室《ちゅうおうそうさしつ》が、自動車のバッテリーにつないだ「蛍光灯《けいこうとう》」で照らし出されているだけなのです。明かりが壁《かべ》のほうまでは届《とど》いていないため、伊沢《いざわ》さんの目には、遠くにいる人の顔は見えませんでした。

時計は、まもなく夜中の三時を指そうとしています。全員を見渡《みわた》した伊沢《いざわ》さんは、息を吸《す》い込《こ》んで、こう言いました。

「緊急時対策室《きんきゅうじたいさくしつ》からゴーサインが出た場合には、ベントに行く。そのメンバーを選びたいと思う」

やっぱり……。みんなに緊張《きんちょう》が走りました。

「申し訳《わけ》ないけれども、若《わか》い人は行かせられない。そのうえで自分は行けるという者は、まず手をあげてくれ」

行くならベテランに――。

放射線量《ほうしゃせんりょう》の高いところに、若《わか》い人間を行かせるわけにはいかない。そのことだけは、伊《い》沢《ざわ》さんは決めていました。これから家族をつくっていく若《わか》い運転員たちを、飛び込《こ》ませるわけにはいかなかったのです。

伊沢《いざわ》さんの言葉は、一瞬《いっしゅん》で中央操作室《ちゅうおうそうさしつ》のなかの空気を変えました。沈黙《ちんもく》が支配《しはい》したのです。全員が伊沢《いざわ》さんの顔を見て、視線《しせん》をそらしませんでした。

それだけ伊沢《いざわ》さんの顔も、声も、こわばっていたのかもしれません。

「あのときは、原子炉《げんしろ》の状態《じょうたい》が、やっぱり普通《ふつう》じゃないというのがわかっていますからね。そこに人を行かせるわけです。しかも、ベントというのは、われわれ運転員にしてみれば、最後の手段《しゅだん》に近い。そこに私《わたし》の命令で人を行かせるということですから、唇《くちびる》を噛《か》みしめるような感じで、ゆっくり、一語、一語、話したように思います」

伊沢《いざわ》さんは、そう振《ふ》り返ってくれました。大きな声ではなく、語り聞かせるような口調《くちょう》で、伊沢《いざわ》さんはみんなに告げたのです。

しかし、聞く側の運転員たちは、声を発することもできないような状態《じょうたい》になっていました。それは、空気が固まってしまった、と表現《ひょうげん》したほうが正しいでしょう。この段階《だんかい》で原《げん》子炉《しろ》建屋《たてや》に突入《とつにゅう》するということは、死んでしまう可能性《かのうせい》もかなりあったからです。

五秒、十秒……沈黙《ちんもく》が続きました。

そこにいる誰《だれ》もが、自分の言うべき「言葉」を探《さが》していたのでしょう。

沈黙《ちんもく》を破《やぶ》ったのは、伊沢《いざわ》さん自身でした。

「おれがまず現場《げんば》に行く。一緒《いっしょ》に行ってくれる人間はいるか」

伊沢《いざわ》さんはそう言ったのです。「おれがまず行く」。その言葉が、運転員それぞれの胸《むね》に届《とど》きました。そのとき、別の人からこんな声があがりました。

「伊沢《いざわ》君。君は、ここにいなきゃダメだよ」

声を出したのは、伊沢《いざわ》さんの左うしろのほうにいた、大友喜久夫《おおともきくお》さん（五五）という発電部作業管理グループの当直長です。大友《おおとも》さんは、伊沢《いざわ》さんより二年先輩《せんぱい》です。地震《じしん》後、真っ先に1・2号機中央操作室《ちゅうおうそうさしつ》に駆《か》けつけた人です。

「伊沢《いざわ》君、君は地震《じしん》後、ずっと指揮《しき》をとっている。いちばん、事情《じじょう》がわかっている。君は、ここにいなきゃダメだよ」

大友《おおとも》さんはそう言うと、「現場《げんば》には私《わたし》が行く」と続けました。きっぱりした言い方でした。すかさず、伊沢《いざわ》さんの右うしろにいた平野勝昭《ひらのかつあき》さん（五六）が反応《はんのう》しました。平野《ひらの》さんは、大友《おおとも》さんよりさらに二年先輩《せんぱい》の当直長です。

「大友《おおとも》さんの言うとおりだ。伊沢《いざわ》君はここに残って最後まで指揮《しき》をとってくれ。私《わたし》が行く」

二人の先輩《せんぱい》当直長が、相次いで「自分が行く」と言ったのです。

そのとき、固まっていた〝空気〟が解《と》けました。

「僕《ぼく》が行きます」「私《わたし》も行けます」

ベテランだけでなく、若《わか》い運転員たちまで、次々《つぎつぎ》と手をあげました。それは、あたかも重くるしい空気を破《やぶ》るための「せき」が切れたかのようでした。

中央操作室《ちゅうおうそうさしつ》内は薄《うす》ぼんやりしていて、伊沢《いざわ》さんには、手をあげてくれている運転員たちの顔がよく見えません。しかし、伊沢《いざわ》さんは、心からの感動を覚えていました。

突入《とつにゅう》は、生と死をかけたものです。しかし、それをやらなければ、日本は終わります。そのとき、多くの運転員たちが、自《みずか》ら志願《しがん》してくれたのです。それは、驚《おどろ》き以外のなにものでもありませんでした。

「若《わか》いクラスも手をあげてくれましたからね。それほどの人数は必要ないのに、バーッと手があがりました。まだ三十歳《さい》そこそこの中堅《ちゅうけん》クラスです。ビックリしました……」

伊沢《いざわ》さんは言葉が出ませんでした。申し訳《わけ》ないけれども、若《わか》い人には行かせられない、とあらかじめ言ったにもかかわらず、それでも中堅《ちゅうけん》どころが次々《つぎつぎ》と志願《しがん》してくれたのです。

本当にありがたかった。伊沢《いざわ》さんは驚《おどろ》きとともに、日ごろ、仕事を一緒《いっしょ》にしている仲間の

ことが誇《ほこ》らしく思えたのです。
伊沢《いざわ》さんは、こう言います。
「実はそのとき、私《わたし》はもう楽になりたかったんです。現場《げんば》に行って、楽になりたかった。現場《げんば》の状況《じょうきょう》がわからないまま、事態《じたい》がどんどん悪化していくなかで、私《わたし》は人をどんどん現場《げんば》に出していたわけです。心苦しかったというか、もう、自分だけがここに残って、申し訳《わけ》ないという気持ちでした。やっぱり最後は、自分がとにかく現場《げんば》に行って、気持ちが楽になりたかった。そういう心境《しんきょう》でした。おまえは、最後まで残って指揮《しき》をとれ、と言われ、そして、そのあとで若《わか》い人たちまで手をあげてくれたときは、頭が空《から》っぽになりました……」

伊沢《いざわ》さんに最後まで君が指揮《しき》をとれ、と言った平野《ひらの》さんは、こう振《ふ》り返ります。

「緊急時対策室《きんきゅうじたいさくしつ》とのやりとりをやっている電話回線は一本しかないので、すべてのやりとりは伊沢《いざわ》君がやっていました。なんといっても、彼《かれ》がトータルに状況《じょうきょう》をいちばん把握《はあく》しているわけです。指揮《しき》をとる人間はかわらないほうがいいなと思いました。私《わたし》は、最初に中央操作室《ちゅうおうそうさしつ》に入ってきたときから、自分は現場《げんば》のほうをメインにやろうと思っていましたから、伊沢《いざわ》君にそう言ったわけです」

誰《だれ》が原子炉建屋《げんしろたてや》に突入《とつにゅう》するのか――。

ぎりぎりの場で、それぞれの人としての思いが出ていました。伊沢《いざわ》さんの胸《むね》には、先輩《せんぱい》当直長や若《わか》い運転員たちへの申し訳《わけ》なさとありがたさがこみ上げてきました。

しかし、やはり、操作《そうさ》する弁《べん》の位置もわかっていて、なおかつ年齢《ねんれい》の高いベテランのほうがいい、と伊沢《いざわ》さんは思っていました。そのとき、大友《おおとも》さんたちは、そこにあったホワイトボードに、名乗り出てくれた人たちを年齢《ねんれい》が高い順に書き出したのです。

平野《ひらの》、大友《おおとも》、遠藤《えんどう》、紺野《こんの》、大井川《おおいがわ》……といった当直長、あるいは副長クラスの名前がホワイトボードに書かれていきました。それを伊沢《いざわ》さんは見ていました。

「最初、名前をバーッと書き出して、あと誰《だれ》と誰《だれ》が組むかというかたちで、話し合いました。それで、では、こういうペアにしようというふうに決めていったんです」

大友《おおとも》さんは、そう語ります。目的のバルブは「二つ」ありました。電動弁《でんどうべん》と呼《よ》ばれる原《げん》子炉建屋《しろたてや》の二階にあるバルブと、圧力抑制室《あつりょくよくせいしつ》の上についている空気弁《くうきべん》と呼《よ》ばれるバルブです。

「おれが行こう」「そこは、自分がいい」

伊沢《いざわ》さんのまわりを当直長たちが囲み、メンバーはあっという間に決まりました。当直長四人、副長二人の計六人です。それ以外の名前は、ホワイトボードから消されました。

伊沢《いざわ》さんは、こう振《ふ》り返ります。

「あそこの場所だったら自分はよくわかっているよという人、それに体力的にきびしいと予想されるところには少し若《わか》い人間がついていくようにしようとか、そういうかたちで決まりました。それと、行くところが二か所ありますから、本来は、ツーペアしかいらないんですけれども、もしものときに救出隊も必要だし、現場《げんば》でいざ何かが起きたときに、第三次というか、次が行くようにと、三ペアを決めたんです」

メンバーの組み合わせが決まったあとは、行く順番です。

「私《わたし》がまず行こう」

そのときも、大友《おおとも》さんが真っ先に口火を切りました。大友《おおとも》さんは、水を入れるラインをつくるときも入っています。今度が三度目の突入《とつにゅう》です。しかし、原子炉建屋《げんしろたてや》に入ることが禁止《きんし》された昨夜八時以降《いこう》は初めてであり、過去《かこ》の事前調査《ちょうさ》を入れて二度の突入《とつにゅう》とは、まったく状況《じょうきょう》が変わっていました。

大友《おおとも》さんと一緒《いっしょ》に行くのは、大井川努《おおいがわつとむ》さん（四七）という副長でした。そして、これまたあっという間に順番が決まっていきました。彼《かれ》らが自分たちで決めていったのです。

大友《おおとも》・大井川《おおいがわ》組は原子炉建屋《げんしろたてや》の二階にある電動弁《でんどうべん》を、そして遠藤英由《えんどうひでよし》さん（五一）と紺野《こんの》和夫《かずお》さん（五二）の組が圧力抑制室《あつりょくよくせいしつ》の上にある空気弁《くうきべん》を開けに行くことになりました。すでに、このときまでに五度も突入《とつにゅう》していた平野《ひらの》さんは、今回はバックアップのための三組目にまわりました。

いよいよ、「原子炉建屋突入《げんしろたてやとつにゅう》」の時間が迫《せま》っていました。

第六章　決死の作業

重装備《じゅうそうび》の末に

人間である以上、放射線量《ほうしゃせんりょう》が高くなっている原子炉建屋《げんしろたてや》のなかに踏《ふ》み込《こ》むことに、ためらいがあるのは当然です。

しかし、その恐怖《きょうふ》を、彼《かれ》らは〝何か〟によって克服《こくふく》したのです。それは、使命感なのか、責任感《せきにんかん》なのか、それとも、家族と故郷《ふるさと》を守ろうとする強い思いだったのでしょうか。

彼《かれ》らは、その〝何か〟を語りません。ひょっとしたら、彼《かれ》ら自身もそれが何だったのか、わからないのかもしれません。しかし、それぞれが、それぞれの〝何か〟によって、恐怖《きょうふ》に打ち勝ったのは確《たし》かでした。

午前九時二分に、避難《ひなん》が遅《おく》れていた大熊町《おおくままち》の一部の住民の避難確認《ひなんかくにん》がやっと終わりました。そしてその二分後、緊急時対策室《きんきゅうじたいさくしつ》から指示《しじ》が発せられました。

「1号機のベントをやってください」

伊沢《いざわ》さんは連絡《れんらく》を受けて、険《けわ》しい表情《ひょうじょう》で命令を発しました。

「緊急時対策室《きんきゅうじたいさくしつ》から指示《しじ》が出た。ベントの操作《そうさ》をやってください」

重装備《じゅうそうび》をつけたまま〝GO〟の合図を待っていた大友《おおとも》さんと大井川《おおいがわ》さんは、短く、

「了解《りょうかい》」

とだけ言いました。二人は、タイベックの上に、よろいのような銀色の耐火服《たいかふく》をまとい、さらに大きな空気ボンベまで背負《せお》って、中央操作室《ちゅうおうそうさしつ》を出ていきました。

非常時《ひじょうじ》には「百ミリシーベルト（十万マイクロシーベルト。シーベルトは放射線《ほうしゃせん》の単位）」まで浴びてもいいという緊急措置《きんきゅうそち》に従《したが》って、身につけていく「APD」と呼《よ》ばれる線量計も、あらかじめ警報《けいほう》を「八十ミリシーベルト」にセットしていました。

空気ボンベは、十五～二十分ほどしかもちません。その時間内に〝すべて〟を終わらせなければなりませんでした。

（頼《たの》む。無事、帰ってきてくれ……）

伊沢《いざわ》さんは、心のなかで祈《いの》りました。もし、原子炉《げんしろ》がこわれて炉心損傷《ろしんそんしょう》が起こっているとしたら、はたしてどの程度《ていど》、汚染《おせん》が進んでいるのか、予想もつきません。二人が出発すれば、中央操作室《ちゅうおうそうさしつ》に残った者にできることは、「無事を祈《いの》る」ことしかありませんでした。中央操作室《ちゅうおうそうさしつ》では、誰《だれ》も言葉を発しなくなりました。大友《おおとも》さんと大井川《おおいがわ》さんが、無事、任務《にんむ》を果たして帰ってこられるかどうか。伊沢《いざわ》さんだけでなく、全員が、ただ、そればかり考えていました。

そこにバルブはあった

大友《おおとも》さんと大井川《おおいがわ》さんは、中央操作室《ちゅうおうそうさしつ》のあるサービス建屋《たてや》の廊下《ろうか》を東に歩き、階段《かいだん》を降《お》りていきました。一階に降《お》りた二人は、原子炉建屋《げんしろたてや》とタービン建屋《たてや》の間にある通路に出ました。そこから原子炉建屋《げんしろたてや》の南側の入口までは、それほど距離《きょり》はありません。それでも、中央操作室《ちゅうおうそうさしつ》からはすでに二百メートルほど歩いています。

原子炉建屋《げんしろたてや》の入口には、二重とびらがあります。鉄のとびらに〝一文字《いちもんじ》ハンドル〟の黒い鉄の棒《ぼう》の取っ手がついています。これを、横から縦《たて》にして、とびらを開けます。自分がなかの空間に入って、これを閉《し》めるのです。そして、その空間から、二番目のとびらをまた同じようにして、開けるのです。それを閉《し》めれば、そこはもう原子炉建屋《げんしろたてや》のなかです。

一文字《いちもんじ》ハンドルを閉《し》めるときは、ガチャーンという大きな音がします。原子炉建屋《げんしろたてや》に入った人間は、この音を「覚悟《かくご》を決めさせる音」と表現《ひょうげん》します。なぜなら、そこまでが「生」の世界だとしたら、そこから先は「死」の世界だからです。その死の世界に入るときの一文字《いちもんじ》ハンドルを閉《し》める音は、それぞれの胸《むね》にひびきわたるのです。

原子炉建屋《げんしろたてや》は、およそ六十メートルほどの高さがあります。

そこに入っている1号機は、高さが三十二メートル、下部のいちばん大きい部分で直径が十八メートルもある格納容器《かくのうようき》におさめられています。格納容器《かくのうようき》はフラスコの形状《けいじょう》をしており、上が細く、下が太くなっています（口絵参照）。格納容器《かくのうようき》のまわりは、下部のいちばん大きい部分では、実に四十メートルほどあります。これが破壊《はかい》されたときは、運転員たちのたたかいが敗北したことをあらわすのです。

格納容器《かくのうようき》の爆発《ばくはつ》によって放射性物質《ほうしゃせいぶっしつ》が飛び散ることだけは、なんとしても防《ふせ》がなければなりません。二人は、あらかじめイメージトレーニングしていたとおりの順路を通って、電動弁《でんどうべん》のある場所に向かって進みました。

先を歩くのは、大井川《おおいがわ》さんです。大井川《おおいがわ》さんは、手に放射線量《ほうしゃせんりょう》を測《はか》る棒状《ぼうじょう》の線量計を持っていました。目的の電動弁《でんどうべん》のバルブの番号を書いたメモを持っているのは、大友《おおとも》さんです。二人は、その番号を、口のなかで繰《く》り返《かえ》し唱えながら歩きました。もし、途中《とちゅう》で自分たちが放射能《ほうしゃのう》にやられて倒《たお》れたら、日本が終わってしまいます。息切れしていることも、二人は気がつきませんでした。

必死で歩き、やっと目的のバルブの場所に来ました。

「ありました、これです！」

大井川《おおいがわ》さんが大声を出しました。しかし、セルフエアセットをつけている二人には、お互《たが》いの声が聞こえません。大友《おおとも》さんは耳をこらしました。大声で弁《べん》の番号を読む大井川《おおいがわ》さんの声が、やっとかすかに聞こえました。

間違《まちが》いありません。目的のバルブです。

大井川《おおいがわ》さんは、まず、弁《べん》の横についているラッチ（掛《か》け金《がね》）をギアに噛《か》ませようとしました。電動を手動に切《き》り替《か》えるためです。しかし、なかなかうまくギアに噛《か》ませられません。

大井川《おおいがわ》さんは、自分がいかに動揺《どうよう》しているかを、そのとき知りました。

ふだんなら、それは簡単《かんたん》に操作《そうさ》できるものだからです。何回かの挑戦《ちょうせん》で、やっとラッチを噛《か》ませることができました。これで、あとはバルブをまわすだけです。

「開けます！」

大井川《おおいがわ》さんは大声でそう叫《さけ》ぶと、バルブのハンドルをまわしはじめました。一刻《いっこく》も早くこれを開けなければなりません。二人の気持ちは同じでした。

自分の顔ほどの大きさがある、目の前のバルブは、手にずっしりとくるものでした。二十秒、三十秒……。ふだんなら電動で開くバルブを、暗闇《くらやみ》のなかで、しかも「手」でまわしているのです。事前に想像《そうぞう》していたのより、ずっと重いものでした。

指示《しじ》されていたのは、全部を開けることではありませんでした。それは、「開度二十五パーセント」でした。その開度に持っていくために、大井川《おおいがわ》さんは、ぐっ、ぐっ、ぐっと、何度もバルブをまわしました。開度計の針《はり》を見るのは、大友《おおとも》さんです。

バルブの横についている開度計は、五パーセント刻《きざ》みでした。大井川《おおいがわ》さんがバルブをまわすたびに、開度計の示《しめ》す針《はり》が、ひと刻《きざ》みずつ動いていきます。

「五度っ！」「十度っ！」「十五度っ！」大友《おおとも》さんが必死に叫《さけ》びますが、その声は大井川《おおいがわ》さんに届《とど》きません。

しかし、開度はしだいに増《ま》していきました。暗闇《くらやみ》のなか、大友《おおとも》さんの持つ懐中《かいちゅう》電灯《でんとう》の明かりだけが頼《たよ》りでした。二人には、時間的な感覚がなくなっていたのでしょう。長い時間だったような気もするし、あっという間だったような気もしました。

「これをやらなければ、格納容器《かくのうようき》は守れない」

二人がそう考えていたことだけは、間《ま》違《ちが》いありません。二人の頭には、格納容《かくのうよう》器《き》を守る、すなわち「原子炉《げんしろ》を守る」ことしかなかったのです。もし、格納容器《かくのうようき》を守れなければ、自分や家族の命だけでなく、日本そのものがダメになります。

しかし、そんなことを考える余裕《よゆう》はありませんでした。二人の頭のなかにあるのは、ただ、「格納容器《かくのうようき》を守る」ということだけだったのです。とにかく早く――。一分は経《た》ったでしょうか。バルブはやっと、「開度二十五度」に達しました。

「OK!」

万感《ばんかん》を込《こ》めて、大友《おおとも》さんは叫《さけ》びました。「了解《りょうかい》」でも、「大丈夫《だいじょうぶ》」でもありません。「OK!」という言葉が、大友《おおとも》さんの口から飛び出しました。

あとは、一刻《いっこく》も早く、この場から離《はな》れなければなりません。浴びる放射線《ほうしゃせん》の量を少なくするには、できるだけ汚染されたなかにいる時間を少なくすればいいのです。大急ぎで帰る二人の胸《むね》には、「自分の役目を果たした」という満足感がこみ上げていました。

1・2号機中央操作室《ちゅうおうそうさしつ》の鉄のとびらが開いたのは、午前九時十五分のことでした。

「大友《おおとも》さんたちが行っている間、中央操作室《ちゅうおうそうさしつ》は静かでした。みんな無言で、シーンとしていました。帰ってくるまで二人が無事かどうか、そして、作業が成功したかどうかもわかりません。二人とは、まったく通信手段《しゅだん》がなかったから、とにかく〝待つ〟しかなかったんです」

当直長の伊沢《いざわ》さんは、そう語ります。

「待っている時間がすごく長く感じられました。実際《じっさい》には、九時四分に中央操作室《ちゅうおうそうさしつ》を出て、九時十五分に帰ってきていますから、わずか十一分なんですが、私《わたし》には三十分か、いや、一時間くらいに感じられました。中央操作室《ちゅうおうそうさしつ》に入るとびらって、鉄のとびらですから厚《あつ》いんですね。だから、近づいてくる足音が、いっさい聞こえません。そのとき、ほんとに突《とっ》然《ぜん》、ギーッと、とびらが開いて、二人が帰ってきたんです」

先に大井川《おおいがわ》さん、続いて大友《おおとも》さんが重装備《じゅうそうび》のまま、帰ってきたのです。運転員たちがいっせいに立ち上がりました。背中《せなか》の空気ボンベを下ろしながら、まず全面マスクをはずした二人は、

「開けました！」

そう言葉を発しました。

「よし！」

声をあげたのは、伊沢《いざわ》さんです。二人は、汗《あせ》だくでした。暑さと緊張《きんちょう》で、二人の顔は真っ赤になっていました。

電動弁《でんどうべん》を開けた——。二人の顔を見て、伊沢《いざわ》さんは「やってくれた」と思いました。伊《い》沢《ざわ》さんは、ただちに緊急時対策室《きんきゅうじたいさくしつ》に電話を入れました。

「電動弁《でんどうべん》は開けました。これから第二陣《じん》を向かわせます」

「了解《りょうかい》！」

電話をとった緊急時対策室《きんきゅうじたいさくしつ》の発電班《はつでんはん》のグループマネジャーのはずんだ声が、伊沢《いざわ》さんの耳にひびきました。無理もありません。日本が「助かるかもしれない」のです。彼《かれ》は、わざわざ大友《おおとも》さんを電話に出させて、「大友《おおとも》さん、ご苦労さまです！」と叫《さけ》んでいました。

しかし、喜びにひたっている余裕《よゆう》はありません。次のバルブがあるからです。

第二陣《じん》は、その間にも仲間に手伝ってもらい、最後の装備《そうび》である空気ボンベを背負《せお》っていました。全面マスクも装着《そうちゃく》して、準備《じゅんび》は整いました。

「第二陣《じん》、行ってくれ」

伊沢《いざわ》さんの命令によって、第二陣《じん》が中央操作室《ちゅうおうそうさしつ》を出ていきました。

振《ふ》り切れた線量計

しかし、第一陣《じん》と第二陣《じん》が開けるバルブの位置には、決定的な差がありました。大友《おおとも》さんたちが開けたバルブは、格納容器《かくのうようき》のコンクリート壁《かべ》の外側にありました。放射《ほうしゃ》線《せん》はその壁《かべ》によってかなり少なくなっていましたが、第二陣《じん》が開けようとしたバルブは、コンクリート壁《かべ》のないサプレッション・チェンバー（原子炉《げんしろ》の格納容器《かくのうようき》の圧力《あつりょく》を調整する圧力抑《あつりょくよく》制室《せいしつ》）の上についています。つまり、放射線《ほうしゃせん》をさえぎるものが何もない場所でした。

それが放射線量《ほうしゃせんりょう》にどれほどの「差」をもたらすのか、誰《だれ》にもわかりませんでした。「行ってみなければ」わからなかったのです。

帰ってきた二人が浴びた線量は、測《はか》ってみると、大友《おおとも》さんは二十五ミリシーベルト、大《おお》井川《いがわ》さんは二十ミリシーベルトでした。これは、マイクロシーベルトであらわすと、それぞれ二万五千マイクロシーベルトと二万マイクロシーベルトにあたります。

わずかの時間で、二人はこれだけの放射線《ほうしゃせん》を浴びていました。コンクリート壁《かべ》の外側でさえ、それだけ浴びたということは、次に行く遠藤《えんどう》さんと紺野《こんの》さんの二人が、無事、現場《げんば》にたどり着けるのか、伊沢《いざわ》さんは不安でなりませんでした。

彼《かれ》ら原子力のプロたちには、放射線《ほうしゃせん》の怖《こわ》さは頭にしみついています。強い放射線《ほうしゃせん》にさらされれば、人間の細胞《さいぼう》はこわれ、無残な最期《さいご》を迎《むか》えることになるからです。

一九九九年に起こった茨城県《いばらきけん》東海村の「ＪＣＯ臨界事故《りんかいじこ》」(注)の際《さい》、被曝《ひばく》した作業員が身体じゅうの細胞《さいぼう》がぼろぼろになって亡《な》くなったことは、原子力に携《たずさ》わる人たちには、忘《わす》れようとしても忘《わす》れられないものだったのです。

黙々《もくもく》と歩いた二人は、やはり大友《おおとも》さんたちと同じように南側の二重とびらから原子炉建《げんしろたて》屋《や》に入りました。遠藤《えんどう》さんが持っていた重さ一キログラムもある箱型の線量計の数値《すうち》が、たちまちはね上がりました。

「なかに入ると、ドカンドカンというハンマー音が聞こえました。排気管《はいきかん》の音だったと思いますが、これが大きくひびいていたんです。線量計は、とびらの前で毎時六百ミリシーベルト（その場所に一時間いると六百ミリシーベルトを浴びるということ）くらいあったんですが、とびらを開けたら九百になりました。針《はり》は揺《ゆ》れていますので、９００とか１０００のところを行ったり来たりしていました。線量計は、ゼロから１０００まで測《はか》ることができるんですが、その時点でぎりぎりでした」

行くしかない――二人は、そう思って、空気弁《くうきべん》のある場所に向かって進みました。高い放射線《ほうしゃせん》のなか、いよいよ圧力抑制室《あつりょくよくせいしつ》に上がり、その上の通路に出ました。針《はり》は、やはり900付近を指していました。

「(数値《すうち》を)測《はか》れるうちは、行く!」

二人は必死でした。ものすごい放射線量《ほうしゃせんりょう》が二人をおそっていました。しかし、「行く」しかありませんでした。

「左まわりで向かいました。まだ目的のバルブは百八十度反対のところにあります。北側から半周するかたちで向かっていったんですが、途中《とちゅう》で、われわれが〝九十度〟と呼《よ》ぶハッチがあるんです。これは、点検用《てんけんよう》の開口部なんですが、そこまで来たとき、ついに線量計が振《ふ》り切れてしまったんです……」

千ミリシーベルト(百万マイクロシーベルト)まで測《はか》ることができる線量計の針《はり》が、「1000以上」のほうにトンと振《ふ》り切れてしまったのです。そのまま針《はり》は戻《もど》ってきません。それ

(注)――JCO臨界事故《りんかいじこ》
一九九九年九月三十日、東海村の核燃料《かくねんりょう》加工会社、ジェー・シー・オー(JCO)の施設《しせつ》内で、バケツを使ってウラン溶液《ようえき》を流し込《こ》むというずさんな作業により、臨界《りんかい》(核分裂反応《かくぶんれつはんのう》が継続《けいぞく》する状態《じょうたい》)が発生し、作業員二名が死亡《しぼう》。日本の原子力産業において、初めて被曝《ひばく》による死亡者《しぼうしゃ》を出した。

は、遠藤《えんどう》さんと紺野《こんの》さんが、想像《そうぞう》を絶《ぜっ》する放射線《ほうしゃせん》のなかにいることをあらわしていました。

（……）

これ以上は無理でした。遠藤《えんどう》さんに無念の思いがこみ上げてきました。これから先に行けば、そこには無残な「結果」しかありません。

遠藤《えんどう》さんは、引き返す決断《けつだん》をしました。とにかく作戦を立て直さなければなりません。

遠藤《えんどう》さんには、今度は地下から行く「別のルート」をとる考えが浮《う》かんでいました。

だが、五メートルほどうしろを来る紺野《こんの》さんには、まだ線量の数値《すうち》がわかっていません。

くるりとまわった遠藤《えんどう》さんは、紺野《こんの》さんに向かって「ダメだ」と、身ぶりで示《しめ》しました。

ダメなのか――もともと紺野《こんの》さんは、「線量計は持っていくな」という考えでした。放《ほう》射線量《しゃせんりょう》がどれだけあろうと、空気弁《くうきべん》は開けなければなりません。それをしなければ、日本が終わるのです。たとえ死んでも、この弁《べん》だけは開けなければなりませんでした。

だから、遠藤《えんどう》さんが「ダメだ」と示《しめ》したのは、ショックでした。

ベントができなくなる、ということの意味が、紺野《こんの》さんの頭のなかにうず巻《ま》きました。

一刻《いっこく》も早くこの場から去らなければならないのに、紺野《こんの》さんは、逆《ぎゃく》に身体が動かなくなってしまいました。身体に「力が入らなくなった」のです。

遠藤《えんどう》さんが、かまわず紺野《こんの》さんの手を引《ひ》っ張《ぱ》りました。遠藤《えんどう》さんのほうが紺野《こんの》さんより一年先輩《せんぱい》の当直長です。先輩《せんぱい》が後輩《こうはい》の手を引《ひ》っ張《ぱ》ったのです。どこまで引《ひ》っ張《ぱ》ったのか、遠藤《えんどう》さんには記憶《きおく》がありません。紺野《こんの》さんが抵抗《ていこう》していたのかもしれません。

早く出なければいけない。とにかく必死でした。やっと、入口の二重とびらのところまで来たとき、振《ふ》り向いたら、紺野《こんの》さんがいません。どこかで、手が離《はな》れてしまったのです。

「二重とびらの内側を開けようとしてうしろを見たら、紺野《こんの》さんがいなかったんです。あれっと思って、一瞬《いっしゅん》、心配になりました。そうこうしているうちに、十メートルほど向こうの角《かど》を紺野《こんの》さんが曲がって、こっちに向かってくる姿《すがた》が見えたんで、早く、早く、と手《て》招《まね》きしました」

紺野《こんの》さんは、引き返すまで線量計を見ていません。突然《とつぜん》、引き返すことになったショックが大きく、足が前に進まなかったのです。

「足が動かなかった。気力がもう……重たくて進めなかったな」

紺野《こんの》さんは、そのときのことを、言葉少なにそう振《ふ》り返ります。

二人には、ポケットに入れてある「ＡＰＤ」が放射線《ほうしゃせん》を感知した警報音《けいほうおん》もまったく聞こえていませんでした。全面マスクのうえ、大きな排気管《はいきかん》の音が鳴っていたなかでは、ピーピーピーという警報音《けいほうおん》さえ、かき消されていたのです。

二人が中央操作室《ちゅうおうそうさしつ》に戻《もど》ってきたとき、「大丈夫《だいじょうぶ》か！」という声がかけられました。二人の疲労《ひろう》は限界《げんかい》まできていました。

「ダメだった……」

装備《そうび》を脱《ぬ》ぎながら、遠藤《えんどう》さんがそう言いました。そして、こうつけ加えました。

「線量が高くて、無理でした……メーターが振《ふ》り切れた」

しぼり出すような声でした。メーターが振《ふ》り切れた――。それは、もっとも恐《おそ》れていた事態《じたい》でした。もはや、現場《げんば》に立ち入れないほどの放射線量《ほうしゃせんりょう》が出ていたのです。遠藤《えんどう》さんのひと言は、その絶望的《ぜつぼうてき》な事実を伝えていました。

ベントの方法をどうするか。ほかにどんな手段《しゅだん》が考えられるのか。伊沢《いざわ》さんたちは、新たな事態《じたい》に直面することになりました。

「すごく暑かった。（マスクが）くもって見えなかった」

脱《ぬ》ぎながら二人がぽつりぽつりと語る圧力抑制室《あつりょくよくせいしつ》付近のありさまは、やはり、想像《そうぞう》を絶《ぜっ》するきびしさだったのです。遠藤《えんどう》さんは、八万九千マイクロシーベルト（八十九ミリシーベルト）、紺野《こんの》さんは、九万五千マイクロシーベルト（九十五ミリシーベルト）もの放射線《ほうしゃせん》を浴びていました。

それは、直前に行った大友《おおとも》さんと大井川《おおいがわ》さんのほぼ四倍の放射線量《ほうしゃせんりょう》でした。

（……）

中央操作室《ちゅうおうそうさしつ》の内部は、またしても沈黙《ちんもく》に包まれました。つい先ほどの電動弁《でんどうべん》のときとは、まったく違《ちが》う空気に支配《しはい》されたのです。

紺野《こんの》さんは、現場《げんば》での線量、そして自分たちが浴びた線量の数字を見て、初めて、

「戻《もど》ってきたことは、正しかった」

と思いました。

遠藤《えんどう》さんと紺野《こんの》さんは、吉田《よしだ》所長から退避《たいひ》を命じられて、五キロメートルほど離れた大《おお》熊町《くままち》のオフサイトセンター（緊急事態応急対策拠点施設《きんきゅうじたいおうきゅうたいさくきょてんしせつ》）に移送《いそう》されました。

「オフサイトセンターに行かされたら、私《わたし》たちは汚染《おせん》されていますから、線量計で測《はか》られ

て、もう〝宇宙人《うちゅう》〟を扱《あつか》うみたいな感じで迎《むか》えられましたね」

遠藤《えんどう》さんはそう言います。

「オフサイトセンターの正面玄関《げんかん》のわきに通用口があって、そこを入ったところに放《ほう》射能《しゃのう》を洗《あら》い落《お》とすためのシャワー室があったんです。もちろん暖房《だんぼう》も電気もないから、お湯も出ません。三月ですから寒かったですよ。そこで、がたがた震《ふる》えながら、シャワーで必死に身体を洗《あら》いました」

しかし、除染《じょせん》は、なかなか完了《かんりょう》しませんでした。

「そこは半分、外みたいなところです。タワシみたいなもので一生懸命《いっしょうけんめい》こするんです

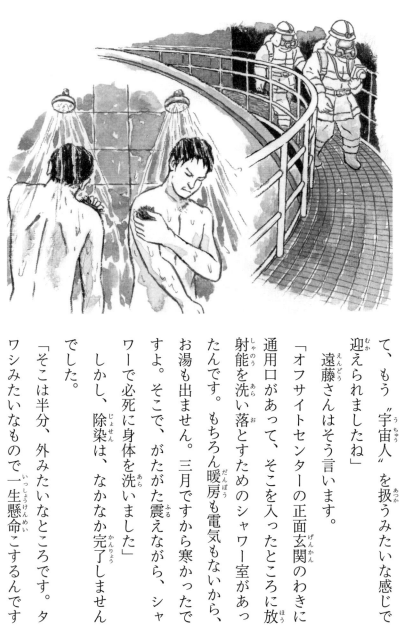

が、放射線量《ほうしゃせんりょう》を何回検査《けんさ》してもらっても、まだダメです、と言われました。ごしごしやって、あれは五回目くらいでしたか、やっとＯＫを出してもらいました。いろいろ薬とかも塗《ぬ》りました。荷物もダメでしたね。携帯電話《けいたいでんわ》も時計もすべて汚染《おせん》されているので、持っていかれました。もう、ハダカのすっぽんぽんにされましたから、制服《せいふく》も何もないので、福島県職員《しょくいん》のユニフォームを渡《わた》されて、私《わたし》たちはそれを着てオフサイトセンターにいました」

紺野《こんの》さんのほうは、その五回目の検査《けんさ》でもＯＫになりませんでした。

「唇《くちびる》がむらさき色になって、凍《こご》えて死んでしまいそうなくらいでした。それで、〝汗《あせ》の穴《あな》から（放射性物質《ほうしゃせいぶっしつ》が）もう身体のなかに入ったかもしれない。何度検査《けんさ》してもダメだろうから、これでＯＫにしてくれ〟と言って、やっとそれ以上のシャワーを許《ゆる》してもらったんです」

紺野《こんの》さんはそう語ります。線量の「数字」とのたたかいでもあったベント作業は、それほどきびしくつらいものだったのです。

第七章　奇跡《きせき》が起こった

「自分に行かせてください」

内部からの空気弁《くうきべん》のベントは失敗——中央操作室《ちゅうおうそうさしつ》からの連絡《れんらく》は、緊急時対策室《きんきゅうじたいさくしつ》に衝撃《しょうげき》をもたらしました。つい先ほど、第一陣《じん》の作業が成功して、わき上がった緊急時対策室《きんきゅうじたいさくしつ》は一転、重苦しい空気に包まれてしまいました。

このとき、緊急時対策室《きんきゅうじたいさくしつ》で「自分にベントに行かせてください」と志願《しがん》する人がいました。5・6号機の当直副長である吉田一弘《よしだかずひろ》さん（四八）です。

吉田一弘《よしだかずひろ》さんが自分の勤務《きんむ》する5・6号機ではなく、1号機のベントに志願《しがん》したのには、理由があります。伊沢《いざわ》さんと同じ地元の小高《おだか》工業高校出身の吉田《よしだ》さんは、福島第一原発に就職《しゅうしょく》したあと、都合十年以上、1・2号機の運転員として勤務《きんむ》した経験《けいけん》があります。

そのため1号機に対して、強い愛着を持っていました。

吉田一弘《よしだかずひろ》さんは、浜通《はまどお》りの南相馬市《みなみそうまし》の出身で、大学生の長女と高校生の長男を持つ父親です。地震《じしん》発生のとき、たまたま吉田《よしだ》さんは勤務《きんむ》が休みで、双葉町《ふたばまち》の自宅《じたく》にいました。大《おお》地震《じしん》発生で自宅《じたく》から駆《か》けつけ、5・6号機側のガレキを取りのぞくなどの作業を夜《よ》を徹《てっ》しておこなっていました。

しかし、刻一刻《こくいっこく》と状況《じょうきょう》が悪くなっていく1号機のことが気になってしかたがありませんでした。吉田一弘《よしだかずひろ》さんは、その理由をこう語ってくれました。

「自分を一人前のプラントエンジニアに育ててくれた原子炉《げんしろ》が1号機なんです。原子炉《げんしろ》は、それぞれ性格《せいかく》が違《ちが》うんです。ある原子炉《げんしろ》はおとなしいですが、別の原子炉《げんしろ》はやんちゃだったり、また別の原子炉《げんしろ》はあばれものだったり、さまざまです。わが子みたいなものです。1号機というのは、福島第一のなかでも、いちばん、やんちゃな原子炉《げんしろ》です。でも、いいやつなんですよ。その1号機が、日本を危機《きき》におとしいれていました。なんとしても、1号機を助けてやりたいと思ったんです」

東日本に人が住めなくなるほどの危機《きき》を引き起こしている原因《げんいん》が「1号機」であること

が、吉田一弘《よしだかずひろ》さんには耐《た》えられなかったのです。

もう、「自分しかいない」と、吉田一弘《よしだかずひろ》さんは思っていました。

吉田《よしだ》さんは、小高《おだか》工業高校時代には陸上部に所属《しょぞく》し、中距離《ちゅうきょり》ランナーとして活躍《かつやく》しました。その後も陸上を続け、シニアのランナーとしても、まだ現役《げんえき》で走っていました。そのため、足には自信があったのです。たとえ真《ま》っ暗闇《くらやみ》の1号機の原子炉建屋《げんしろたてや》のなかでも、一気に走って空気弁《くうきべん》にたどり着き、そして、これを開けてこようと思ったのでした。

「誰《だれ》か、行ける人間はいないか」

緊急時対策室《きんきゅうじたいさくしつ》の発電班《はつでんはん》の副班長《ふくはんちょう》がそう志願者《しがんしゃ》をつのったとき、吉田一弘《よしだかずひろ》さんはすぐに、

「私《わたし》が行きます！」

と答えています。

「よし、頼《たの》む」

「ありがとうございます！」

吉田《よしだ》さんの願いは、こうして許可《きょか》されました。

吉田《よしだ》さんは、1・2号機中央操作室《ちゅうおうそうさしつ》でたたかっている伊沢《いざわ》当直長の高校の後輩《こうはい》です。そ

の縁《えん》で、伊沢《いざわ》さんには特に親しくしてもらっていました。愛着のある1号機を、しかも、高校の先輩《せんぱい》でもある伊沢《いざわ》さんが守っている。どうしても1号機を「助けたかった」吉田一《よしだかず》弘《ひろ》さんにとっては、自分が行くというのは、当然の行動だったのです。

しかし、行くためには「二人一組」が原則《げんそく》です。一緒《いっしょ》に行く人間を選ばなければなりません。そのとき、「吉田《よしだ》さんが行くなら、自分が行くしかない」と思っていたプラントエンジニアがいました。佐藤芳弘《さとうよしひろ》さん（四七）という吉田一弘《よしだかずひろ》さんの一年後輩《こうはい》です。佐藤《さとう》さんも、小高《おだか》工業高校の出身です。

吉田《よしだ》さんは陸上部でしたが、佐藤《さとう》さんはバスケットボール部でした。部こそ違《ちが》いますが、同じ学校なので、高校時代からの知り合いです。そして、福島第一原発に就職《しゅうしょく》して以来、お互《たが》いが家庭を持ってからも、ずっと先輩後輩《せんぱいこうはい》で一緒《いっしょ》にやってきた仲です。二人には、当然、強い絆《きずな》がありました。

「おまえも来い」

「はい！」

吉田一弘《よしだかずひろ》さんが、かたわらにいた佐藤《さとう》さんに声をかけたとき、佐藤《さとう》さんの気持ちは固まっていました。吉田《よしだ》さんは一男一女、佐藤《さとう》さんは三女の父親です。それぞれ家庭があります。しかし、二人は、命をかけて原子炉建屋《げんしろたてや》への突入《とつにゅう》を選んだのです。

やってきた「決死隊」

「おう、来てくれたのか」

伊沢《いざわ》さんたちがいる1・2号機中央操作室《ちゅうおうそうさしつ》に吉田一弘《よしだかずひろ》さんと佐藤芳弘《さとうよしひろ》さんが入っていったとき、歓迎《かんげい》の声があがりました。中央操作室《ちゅうおうそうさしつ》に来ること自体が、命をかけたものです。技術《ぎじゅつ》を持った運転員たち同士の独特《どくとく》の連帯感が、吉田《よしだ》さんたちを歓迎《かんげい》させたのでしょう。

「私《わたし》には、やっとここに来られたという思いがありました」

やっとここに来られた――吉田一弘《よしだかずひろ》さんの言葉は、事故《じこ》に立ち向かおうとする現場《げんば》の人間、そしてプラントエンジニアたちの誇《ほこ》りと責任感《せきにんかん》をあらわすものでした。

そのとき、伊沢《いざわ》さんが小高《おだか》工業高校の後輩《こうはい》の二人に、思わずこう語りかけました。

「おまえら、〝決死隊〟だな……足が速いから来てくれたのか」

伊沢《いざわ》さんは「決死隊」と「足が速い」という言葉を使って、後輩《こうはい》の勇気を称《たた》えたのです。

高校時代に陸上部だった吉田《よしだ》さんと、バスケットボール部だった佐藤《さとう》さん。スポーツマンである後輩《こうはい》二人の勇気と信念に、伊沢《いざわ》さんは感動したのです。

二人は、さっそく宇宙《うちゅう》遊泳さながらの重装備《じゅうそうび》を始めました。放射線《ほうしゃせん》は、浴びる時間が短いほどいいのは当然です。長く浴びれば、それだけ身体が受ける打撃《だげき》は大きくなります。時間を短くするためには、「走ればいい」のです。足に自信があるからこそ、彼《かれ》らは志願《しがん》したのです。吉田一弘《よしだかずひろ》さんと佐藤《さとう》さんは、装備《そうび》をつけながら話し合いました。

「いいか、走るぞ」「わかってます」

しかし、空気ボンベを背負《せお》ってセルフエアセットをつけ、全面マスクに目張《めば》りをし、さらに大きなゴムの長ぐつをはいたとき、「これは走りにくいぞ」と、二人は思いました。セルフエアセットは口にあてる吸入《きゅうにゅう》の部分が二重になっており、話しにくいし、聞きとりにくかったのです。

聞きしにまさる装備《そうび》でした。しかし、もはや「行く」しかありませんでした。そのとき、吉田一弘《よしだかずひろ》さんは、ふと、「やり残したこと」があることに気がつきました。

それは、奥《おく》さんに、「ありがとう。今まで幸せだった」と伝えることができないまま、原《げん》子炉建屋《しろたてや》に突入《とつにゅう》することでした。行けば、死ぬ可能性《かのうせい》がかなりあります。もし、生きて帰ることができないのなら、その前に、結婚《けっこん》して、子供《こども》をもうけ、幸せな家庭を築《きず》けたことに、どのくらい感謝《かんしゃ》しているかを、奥《おく》さんに知っておいてほしかったのです。

人間とは、いざ、死を覚悟《かくご》したときに、さまざまな感情《かんじょう》がこみ上げてくることを、吉田《よしだ》一弘《かずひろ》さんは知りました。

二人は、あえて、重さ一キログラムもある箱型の線量計は持っていかないことにしました。八十ミリシーベルトでアラームが鳴る「ＡＰＤ」だけを首から下げました。

「放射線量《ほうしゃせんりょう》は、ある程度《ていど》のものがあると、すぐ基準《きじゅん》をオーバーするんです。原子炉建屋《げんしろたてや》の一階を通過《つうか》できて、圧力抑制室《あつりょくよくせいしつ》に入るとき、どのくらい線量が上がるかな、と考えました。少なくとも圧力抑制室《あつりょくよくせいしつ》の入口までは行けると思っていました。あとは、走るしかない。私《わたし》がその場で浴びる累計《るいけい》の放射線量《ほうしゃせんりょう》が百ミリシーベルトになったら、往復《おうふく》で二百ミリシーベルトになりますから、さすがにきびしい。要は、どの位置で、どのくらいの線量になるか、それが勝負だと思っていました」

吉田《よしだ》一弘《かずひろ》さんは、そう話しました。二人は、中央操作室《ちゅうおうそうさしつ》から淡々《たんたん》と出ていきました。

「止まれぇ！　止まれぇ！」

　二人が意を決して現場《げんば》に向かった直後のことです。緊急時対策室《きんきゅうじたいさくしつ》からホットライン（非常用《ひじょうよう》の直通電話）で連絡《れんらく》が入りました。

「スタック（排気筒《はいきとう》）から白い煙《けむり》が出ている。中央操作室《ちゅうおうそうさしつ》は大丈夫《だいじょうぶ》か！」

　スタックから白い煙《けむり》？　電話を受けた伊沢《いざわ》さんの顔色が変わりました。一瞬《いっしゅん》で、危険《きけん》がわかったのです。排気筒《はいきとう》は、原子炉建屋《げんしろたてや》の内部の空気を外に出すものです。もし、白い煙《けむり》が出ていたとしても、たんに空調による排気《はいき》なら、何の問題もありません。

　しかし、なかで「何か」が起こっている可能性《かのうせい》があります。放射能汚染《ほうしゃのうおせん》が限界《げんかい》を超《こ》え、そのため、なかから白い煙《けむり》が出ているかもしれないのです。しかも、そこに、まさに「人が向かっている」途中《とちゅう》です。

（しまった）

　伊沢《いざわ》さんは、そのとき、自分でも驚《おどろ》くほどの声を発しました。

「止めろ！」

それは、まだ間に合うかもしれないという必死の叫《さけ》びでした。吉田一弘《よしだかずひろ》さんと佐藤《さとう》さんが出て数分しか経《た》っていません。伊沢《いざわ》さんは、原子炉建屋《げんしろたてや》に向かっている二人を止めろ、ということを声にしたのです。

反応《はんのう》したのは、副長の加藤克己《かとうかつみ》さん（四六）と主任の本馬昇《ほんまのぼる》さん（三六）です。伊沢《いざわ》さんが声を出した瞬間《しゅんかん》に、懐中電灯《かいちゅうでんとう》とマスクをつかんだ本馬《ほんま》さんは、もう駆《か》け出していました。加藤《かとう》さんも続きます。

「あいつらを止めろ！」

伊沢《いざわ》さんがもう一度言いなおしたときには、本馬《ほんま》さんは中央操作室《ちゅうおうそうさしつ》のとびらの外に飛び出していました。二人が原子炉建屋《げんしろたてや》に入ってしまったら、もう遅《おそ》い。何が起こったのか、本馬《ほんま》さんにはわかりません。しかし、緊急時対策室《きんきゅうじたいさくしつ》からホットラインで「何か」が伝えられたあと、伊沢《いざわ》当直長が「止めろ！」と叫《さけ》んだのです。相当の緊急事態《きんきゅうじたい》であることは間違《まちが》いありません。

マスクをつけながら、本馬《ほんま》さんはすさまじい勢《いきお》いで走りました。吉田一弘《よしだかずひろ》さんと佐藤《さとう》さんは、宇宙《うちゅう》遊泳のような格好《かっこう》で原子炉建屋《げんしろたてや》に向かっています。何も着ていない自分なら

「追いつける」と思ったのです。
本馬《ほんま》さんは、こう言います。
「とにかく、伊沢《いざわ》さんの声の緊迫感《きんぱくかん》がすごかったんです。緊急時対策室《きんきゅうじたいさくしつ》から電話がきたと同時に〝止めろ！〟って叫《さけ》んだので、何かがあって止めなければいけないことがわかりました。理由はわかりませんが、絶対《ぜったい》に止めなければいけないと思いました。彼《かれ》らが出ていって数分後だったと思いますが、私《わたし》は、追いつける、と思って走ったんです」
本馬《ほんま》さんはとっさに、二階の倉庫を抜《ぬ》ける近道を通れば、追いつけると思いました。そこを通って、階段《かいだん》を駆《か》けおりたとき、前方を行く二人のうしろ姿《すがた》が見えました。

「止まれえ！　止まれえ！」

思いっきり叫《さけ》びましたが、二人には届《とど》きません。耐火服《たいかふく》に、空気ボンベ、全面マスクという〝完全武装《かんぜんぶそう》〟で二人は進んでいます。うしろから大声を出されても、聞こえるはずはなかったのです。

「おーい！　止まれえ！」

本馬《ほんま》さんは叫《さけ》びながら、さらに走りました。

本馬《ほんま》さんが二人に追いついたのは、原子炉建屋《げんしろたてや》入口の直前でした。吉田《よしだ》さんたちが重装備《じゅうそうび》のうえ、地震《じしん》と津波《つなみ》で倒《たお》れたキャビネットなどの山を乗り越《こ》えていくのに、時間がかかっていました。そのおかげで、必死で走ってきた本馬《ほんま》さんが追いついたのです。

「戻《もど》ってください！」

そう叫《さけ》びながら、本馬《ほんま》さんは、吉田一弘《よしだかずひろ》さんの肩《かた》をうしろにグイッと引《ひ》っ張《ぱ》りました。

吉田《よしだ》さんたちが空気ボンベを背負《せお》っているため、うしろから肩《かた》を引くしかなかったのです。

本馬《ほんま》さんは柔道部《じゅうどうぶ》の出身で、体重が百キログラムもあります。その迫力《はくりょく》ある男がものすごい勢《いきお》いで突進《とっしん》してきて、いきなり吉田一弘《よしだかずひろ》さんの肩《かた》を引《ひ》っ張《ぱ》ったのです。

驚《おどろ》いたのは、吉田一弘《よしだかずひろ》さんです。全面マスクにセルフエアセットの完全密封状態《みっぷうじょうたい》です。音が聞こえないため、いきなりうしろに強く引《ひ》っ張《ぱ》られるまで、何も気づきませんでした。

「肩《かた》のあたりを引《ひ》っ張《ぱ》られ、本馬《ほんま》が私《わたし》の左肩《ひだりかた》のあたりで、〝戻《もど》れ！〟って叫《さけ》んでいました。驚《おどろ》きました。でも、こっちも思わず〝なんでだ！〟と叫《さけ》びました。とっさに、戻《もど》れという意味がわからなかったんです。やっぱり覚悟《かくご》を決めて、やってきていますからね。本馬《ほんま》が〝戻《もど》れという指示《しじ》が出ました！〟と叫《さけ》んでいましたが、私《わたし》は、そんなことを言ってられる状《じょう》態《たい》じゃないだろう！　と、どなった記憶《きおく》があります」

一種の興奮状態《こうふんじょうたい》でなければ、命をかけて放射能汚染《ほうしゃのうおせん》のなかに突入《とつにゅう》できるわけがありません。吉田一弘《よしだかずひろ》さんが反発したのも無理はないでしょう。

本馬《ほんま》さんと吉田一弘《よしだかずひろ》さんは、歳《とし》がひとまわり違《ちが》います。吉田《よしだ》さんが先輩《せんぱい》です。

「吉田《よしだ》さんは怒《おこ》っていました。どなられましたね。でも、こっちは、中央操作室《ちゅうおうそうさしつ》に連《つ》れ戻《もど》さなければいけないと思っていますから、〝どにかく戻《もど》ってください。緊急時対策室《きんきゅうじたいさくしつ》からの指示《しじ》です！〟と言ったんです」

本馬《ほんま》さんは、そう振《ふ》り返ります。そのとき、加藤《かとう》さんが追いつきました。加藤《かとう》さんと吉《よし》田一弘《だかずひろ》さんは勤務《きんむ》する中央操作室《ちゅうおうそうさしつ》こそ違《ちが》っても、同じ副長です。加藤《かとう》さんが「戻《もど》れ」と手で合図《あいず》をしたことで、吉田《よしだ》さんが落ち着きました。

こうして、ぎりぎりのところで、二人が原子炉建屋《げんしろたてや》のなかに入ることは免《まぬが》れました。

「今でもゾッとします。ほんとに入っちゃってたら、どうなっていたかと……。吉田《よしだ》は、いきなり引《ひ》っ張《ぱ》られ、なんでされたかわからなかったと言っていましたが、本当にぎりぎりだったと思います」

伊沢《いざわ》さんは、そう振《ふ》り返りました。

吉田所長のウルトラC

はたして、その白い煙《けむり》は何だったのでしょうか。炉心《ろしん》が損傷《そんしょう》して燃料棒《ねんりょうぼう》が露出《ろしゅつ》し、水が蒸発《じょうはつ》していたのか、それとも、どこかの水素《すいそ》が燃焼《ねんしょう》して白い煙《けむり》を出したのか。誰《だれ》にもわかりませんでした。

しかし、ベントの再《さい》チャレンジが失敗したことだけは確《たし》かでした。もはや原子炉建屋《げんしろたてや》に突入《とつにゅう》するのが不可能《ふかのう》であることが、中央操作室《ちゅうおうそうさしつ》にいる運転員たちの頭のなかをうず巻《ま》いていました。

それでも、吉田《よしだ》所長はあきらめていませんでした。せっかく開けた電動弁《でんどうべん》。しかし、もう一つの空気弁《くうきべん》を開けられないために、格納容器《かくのうようき》の爆発《ばくはつ》が刻々《こっこく》と近づいているのです。それは東日本に「人が住めなくなる」ことを示《しめ》しています。それだけは、どんなことをしても、防《ふせ》がなければなりません。

しかし、吉田《よしだ》所長はこのとき、すでに「次の手段《しゅだん》」に着手していました。それは、「外」からベントをおこなうことはできないか、というアイデアにもとづくものです。

緊急時対策室《きんきゅうじたいさくしつ》でフル稼働《かどう》している復旧班《ふっきゅうはん》から、「コンプレッサー（空気圧縮機《あっしゅくき》）を用いて、外から空気を送り込《こ》んで空気弁《べん》を押《お》し開けることはできないでしょうか」

そんなアイデアが出されたのです。それは、「手動」ではなく、空気圧《あつ》を利用して外部からの「遠隔操作《えんかくそうさ》」で開けられないか、というものでした。

（そんなことができるわけないだろう）

心のなかでそう思っても、口に出す人はいません。誰《だれ》もが望みを託《たく》したかったのです。そして、外からのコンプレッサーの空気に合わせて、なかから磁気《じき》を利用して弁《べん》を動かす力を送り込《こ》めばいいのでは、という意見も出されました。成否《せいひ》はともかく、試してみる価値《かち》はありました。

「挑戦《ちょうせん》してみよう！」

吉田《よしだ》所長は、すぐに決断《けつだん》しました。そのためには、コンプレッサーが必要です。復旧班《ふっきゅうはん》は、すぐにコンプレッサーを探《さが》しはじめました。所内のどこかにあるはずです。見つかったのは、長さが二メートル、高さと幅《はば》が一メートルほどあるコンプレッサーでした。

しかし、これとぴたりと合う「注入口」があるかどうかです。さまざまな検討《けんとう》がなされ、実施《じっし》のための準備《じゅんび》と調査《ちょうさ》が断続的《だんぞくてき》におこなわれました。

そして、さっそく実行に移《うつ》されました。ブッブッブッブッブッ……外からは空気圧《くうきあつ》、なかからは磁力《じりょく》が、何百、何千回と送り込《こ》まれました。すると、ある瞬間《しゅんかん》、両方のタイミングが合い、空気弁《くうきべん》が開きました。それは、まさに奇跡《きせき》というほかありませんでした。ベントの成功——それは、日本が助かるかもしれない可能性《かのうせい》を示《しめ》していました。

第八章　海水注入

「海水注入を中止しろ」

「おい、原子炉建屋《げんしろたてや》の五階がないぞ！」

えっ、五階がない？　まさか――。

マスクをつけて暗闇《くらやみ》のなかにいる伊沢《いざわ》さんたちは、緊急時対策室《きんきゅうじたいさくしつ》からの連絡《れんらく》が信じられませんでした。

三月十二日午後三時三十六分、ものすごい震動《しんどう》とともに大きな爆発音《ばくはつおん》が起こりました。

それは、何度もおそっていた余震《よしん》とはまったく異《こと》なる、突然《とつぜん》の〝激震《げきしん》〟でした。いすからころげ落ちる者、床《ゆか》にすわったまま宙《ちゅう》に浮《う》き、そのままズシンと落ちる者……天井《てんじょう》に取りつけてある蛍光灯《けいこうとう》や通風口《つうふうこう》の羽《はね》が、音を立てて落ちてきました。

「マスク！　マスクをつけろ！」

ほこりが舞《ま》い、中央操作室《ちゅうおうそうさしつ》全体が白っぽくなるなかで、伊沢《いざわ》さんはそう叫《さけ》びました。

「何もないところで、いきなりドシャーンときましたから、何が起こったのか、わかりませんでした。一瞬《いっしゅん》、圧力容器《あつりょくようき》のなかで水蒸気爆発《すいじょうきばくはつ》を起こして、容器《ようき》自体がガーンと吹《ふ》き上がったんじゃないかという思いがしました」

その直後に、緊急時対策室《きんきゅうじたいさくしつ》から連絡《れんらく》が入ったのです。

原子炉建屋《げんしろたてや》の五階がない――それは、伊沢《いざわ》さんたちが予想もしないことでした。

「まさか、原子炉建屋《げんしろたてや》の上が吹《ふ》き飛ぶということは想像《そうぞう》していなかったですね。実際《じっさい》に聞かされても、信じられませんでした」

それは、1号機がメルトダウンしたことによって大量に発生した水素《すいそ》が爆発《ばくはつ》するという、想像《そうぞう》もできない事態《じたい》でした。核燃料《かくねんりょう》がメルトダウンすると、核燃料《かくねんりょう》を覆《おお》っている膜《まく》が溶《と》けて水素《すいそ》が発生します。水素《すいそ》は軽くて燃《も》えやすい気体なので、格納容器《かくのうようき》から漏《も》れ出た水素《すいそ》が格納容器《かくのうようき》を覆《おお》っている原子炉建屋《げんしろたてや》の上のほうにたまり、爆発《ばくはつ》したのです。

これまで書いてきたように、格納容器《かくのうようき》が爆発《ばくはつ》すれば、日本にとって最悪の事態《じたい》となりま

爆発《ばくはつ》で5階部分が吹《ふ》き飛んだ1号機の外観

す。幸いにそれではなかったものの、予想もしていなかった激《はげ》しい爆発《ばくはつ》でした。

ちょうど1号機に入れる水が「真水」から「海水」に変わる時間が近づいていました。その作業がおこなわれていたさなかのことであり、海水注入への転換《てんかん》がこれによって遅《おく》れることになりました。

午後七時ごろから、真水から海水へ移《うつ》る作業がふたたびおこなわれました。そして、無事、1号機に海水が入りはじめました。免震重要棟《めんしんじゅうようとう》の緊急時対策室《きんきゅうじたいさくしつ》にいた吉田《よしだ》所長も、また1・2号機中央操作室《ちゅうおうそうさしつ》にいた伊沢《いざわ》当直長も、それは、ホッとすることでした。

しかし、海水注入が始まってまもなく、東京の首相官邸《かんてい》から、吉田《よしだ》所長のもとに、突然《とつぜん》、電話が入りました。吉田《よしだ》さんは、緊急時対策室《きんきゅうじたいさくしつ》で指揮《しき》をとるための円卓《えんたく》にすわっています。その前には、有線、無線、携帯《けいたい》などのさまざまな電話が置かれています。そのなかの固定電話が鳴ったのです。

「おれだ、武黒《たけくろ》だ。おまえ、海水注入はどうした？」

受話器の向こうから、聞きなれた声が聞こえてきました。電話の主は、東京電力の武黒《たけくろ》一郎《いちろう》フェロー（六四）でした。

東京大学工学部を出て原子力畑を歩んだ武黒《たけくろ》さんは、副社長待遇《たいぐう》のフェローの立場にありました。吉田《よしだ》さんの八歳《さい》年上で、原子力事故《じこ》について、さまざまな疑問《ぎもん》に答えるために、このとき、首相官邸《かんてい》に詰《つ》めていたのです。東京電力の原子力部門の技術者《ぎじゅつしゃ》同士であり、武《たけ》黒《くろ》さんは後輩《こうはい》の吉田《よしだ》さんを「おまえ」と呼《よ》ぶほど近しい関係にあります。

その武黒《たけくろ》さんが、「海水注入」について、いきなりそう聞いてきたのです。

「やってますよ」

吉田《よしだ》さんがそう答えると、武黒《たけくろ》さんがあわてました。

「止《と》めろ」

「どういうことですか」

「とにかく止《と》めろ」

「なんでですか」

吉田《よしだ》さんは武黒《たけくろ》さんの〝命令〟に反発しました。しかし、次の武黒《たけくろ》さんの言葉は、さすがに吉田《よしだ》さんを驚《おどろ》かせました。

「おまえ、うるせえ。官邸《かんてい》が、グジグジ言ってんだよ！」

「何言ってんですか！」

すさまじいやりとりになりました。しかし、そこで電話はぷつんと切れました。

（……）

吉田《よしだ》さんは困惑《こんわく》しました。少なくとも首相官邸《かんてい》が、海水注入をストップさせようとしていることは、わかりました。しかし、なぜなのか、理由がわかりません。

のちに、真水と比《くら》べて不純物《ふじゅんぶつ》が多く含《ふく》まれている海水を注入することで、原子炉《げんしろ》が危険《きけん》な状態《じょうたい》になるのではないかと、官邸《かんてい》の政治家《せいじか》の間で問題になったことが理由だと伝えられますが、この時点では吉田《よしだ》さんには何もわかりません。

吉田《よしだ》さんは、東京電力本店とテレビ会議でやり合ったり、あるいは、部下たちに指示《しじ》を与《あた》えたりしています。現場《げんば》のトップとして、次々《つぎつぎ》と新たな手立てを打たなければならない立場にありました。そんなところに、首相官邸《かんてい》から電話が急に入ってくるのです。なぜ、こんなことまで自分が相手をしなければならないのか、腹立《はらだ》たしくてしかたありませんでした。

しかし、海水注入を止《と》めるわけにはいきません。止《と》めたら、原子炉《げんしろ》を冷やせなくなり、大変な事態《じたい》をもたらすからです。

吉田《よしだ》さんは、さっきの武黒《たけくろ》さんの命令が、今度は東京電力本店からくるだろう、と考えました。武黒《たけくろ》さんの命令に、吉田《よしだ》さんが「反発」したところで電話が切れたからです。

おそらく武黒《たけくろ》さんは、東京電力本店に連絡《れんらく》して、本店からの命令として「海水注入」をストップさせようとするでしょう。

海水注入をストップさせないためには、どうしたらいいのか。吉田《よしだ》さんは、そのとき、すっと立ち上がりました。そして、ある人のところに向かいました。

同じ円卓《えんたく》にすわっている、海水注入を担当《たんとう》している班長《はんちょう》のところです。

そして、うしろから班長《はんちょう》の肩《かた》に手をかけて、こう言いました。

「テレビ会議を通じて、本店から海水注入中止の命令がくるかもしれない。そのときは、本店に聞こえるように、海水注入の中止命令をおれがおまえに出す。しかし、これは、あくまでテレビ会議のうえだけのことだ。それを聞く必要はないからな。おまえたちは、そのまま海水注入を続けるんだ。いいな」

吉田《よしだ》さんは、班長《はんちょう》にそう言い含《ふく》めたのです。

その直後のことです。テレビ会議を通じて、本店から命令がきました。

「吉田《よしだ》君、吉田《よしだ》君。海水注入をストップしてください」

吉田《よしだ》さんはすぐに答えます。

「はい、わかりました」

そして、担当《たんとう》の班長《はんちょう》に伝えました。

「おい、海水注入をストップしてくれ」

「はいー」

事前の打ち合わせどおり、海水注入は無事〝続行〟されました。

これほど吉田《よしだ》さんらしさをあらわすエピソードはないでしょう。それは、吉田《よしだ》さんが、「何のためにたたかっているのか」という〝本質《ほんしつ》〟をけっして見失っていないことを示《しめ》しているからです。

吉田《よしだ》さんがたたかったのは、会社のためでも、自分のためでもありません。世のなかでいちばん大切なものを「守るため」にたたかったのです。

それは「命」です。原発が暴走《ぼうそう》すれば、多くの人の命が失われます。福島の浜通《はまどお》りに住む人、そこを故郷《ふるさと》としている人々《ひとびと》の命が失われていきます。それだけではありません。日本という国家の命さえ失われるのです。

それがわかっているからこそ、吉田《よしだ》さんは海水注入を止《と》めなかったのです。そのたたかいの本質《ほんしつ》をわかっていない人たちは、上から命令されたとおりのことをやるしかありませんでした。吉田《よしだ》さんの信念と機転が「日本を救った」という人が少なくないのも、無理のないことだと思います。

第八章　海水注入

第九章　最大の危機《きき》

一進一退《いっしんいったい》のなかで……

吉田昌郎《よしだまさお》さんが、ぎりぎりの決断《けつだん》を迫《せま》られるのは、二〇一一年三月十四日から十五日のことです。このとき、日本は、歴史が始まって以来、最大の危機《きき》を迎《むか》えていました。

十四日午前十一時過《す》ぎには、1号機と同じく3号機でも水素爆発《すいそばくはつ》が起こります。多くのけが人を出しながら、それでも死者は出ませんでした。しかし、この日、暴走《ぼうそう》を始めた2号機のせいで、吉田《よしだ》さんたちは、命の覚悟《かくご》を決めるところまでいくのです。

免震重要棟《めんしんじゅうようとう》の緊急時対策室《きんきゅうじたいさくしつ》は、悲壮《ひそう》な空気に支配《しはい》されていました。すでに事故《じこ》から四日目。ほとんど睡眠《すいみん》をとることもできないまま、ここまできていましたが、ついに事態《じたい》は〝最終段階《だんかい》〟を迎《むか》えます。2号機のＲＣＩＣ（原子炉隔離時冷却系《げんしろかくりじれいきゃくけい》）という非常用《ひじょうよう》の炉心冷却装置《ろしんれいきゃくそうち》が止まり、原子炉内《げんしろ》の圧力《あつりょく》が上昇《じょうしょう》しはじめたのです。

これによって、水位が少しずつ低くなっていきました。消防車《しょうぼうしゃ》を通じて海水注入をおこなおうとしましたが、ものすごい勢《いきお》いで水を入れようとしても、原子炉《げんしろ》のなかの圧力《あつりょく》が高いと、なかなか入りません。

「水が入りません！」

そんな報告《ほうこく》が吉田《よしだ》所長のもとに寄《よ》せられました。また、

「水が入りはじめました」

という報告《ほうこく》が入ったこともありました。一進一退《いっしんいったい》です。

大丈夫《だいじょうぶ》なのか、それとも……。

「現場《げんば》はすごいと思いましたよ。あれだけのときに、よく水を入れに行ったり、消防車《しょうぼうしゃ》に燃料補給《ねんりょうほきゅう》に行ったり、作業をやりつづけてくれたと思います」

吉田《よしだ》さんはそう言います。

しかし、原子炉建屋《げんしろたてや》からおよそ九百メートル離《はな》れた福島第一原発の正門付近で毎時五百ミリシーベルトの放射線量《ほうしゃせんりょう》が計測《けいそく》されるのは、午後九時三十五分ごろのことです。一度は

下がりはじめたはずの2号機の格納容器《かくのうようき》の圧力《あつりょく》が、ふたたび上昇《じょうしょう》を始めたのです。それは、気まぐれな原子炉《げんしろ》が、あたかも人間をもてあそんでいるかのようでした。

午後十一時四十六分には、ついに2号機の格納容器圧力《かくのうようきあつりょく》が、設計圧力《せっけいあつりょく》の二倍近い「七百五十キロパスカル」まで上昇《じょうしょう》し、「いつ」「何が」起きてもおかしくない状態《じょうたい》になっていたのです。

格納容器《かくのうようき》の爆発《ばくはつ》が近い——。口には出さないものの、そのことは誰《だれ》もがわかっていました。

吉田《よしだ》さんは、最悪の事態《じたい》に備《そな》えて、東京電力の社員ではない協力企業の人たちに、帰ってもらおうと思いました。死ぬのは、東京電力の社員だけでいい。そう考えたのです。

三月十四日から日付が変わって、十五日になった夜中のことです。

「皆《みな》さん。今やっている作業に直接《ちょくせつ》、かかわりのない方は、もうお帰りいただいてけっこうです。本当に今までありがとうございました」

緊急時対策室《きんきゅうじたいさくしつ》の廊下《ろうか》に出た吉田《よしだ》さんは、協力企業の人たちに向かって、大声でそう呼《よ》びかけました。廊下《ろうか》には、多くの人間が身体を横たえていました。ほとんどが、タイベックを着たまま、泥《どろ》のように寝《ね》ていました。壁《かべ》にもたれたままの者、ひざをかかえてすわったままの者、小さなスペースを見つけて深い眠《ねむ》りに落ちている者……それは、〝野戦病院〟そのものでした。

彼《かれ》らは、突然《とつぜん》の吉田《よしだ》所長の言葉に驚《おどろ》きました。

「最期《さいご》」が近づいていることを、誰《だれ》もが肝《きも》に銘《めい》じました。「免震重要棟《めんしんじゅうようとう》」から一歩外へ出るということは、放射能汚染《ほうしゃのうおせん》のなかに出ていくということです。しかし、その危険《きけん》を冒《おか》してでも、今は、ここから離《はな》れなければならない状況《じょうきょう》になったのです。

「本当にありがとうございました」

協力企業の人たちに頭を下げる吉田《よしだ》さんの姿《すがた》を見て、復旧《ふっきゅう》に全力を尽《つ》くす所員たちも、いよいよ最期《さいご》が近づいていることを知りました。

さらに吉田《よしだ》さんは、免震重要棟《めんしんじゅうようとう》にいる七百人もの所員たちの大半を、福島第二原子力発電所に退避《たいひ》させることを考えていました。免震重要棟《めんしんじゅうようとう》には、総務《そうむ》・人事・広報《こうほう》など、復旧《ふっきゅう》作業とは関係のない所員がたくさん残っており、女性《じょせい》所員も少なくありませんでした。

それは、放射線《ほうしゃせん》に耐《た》えるよう設計《せっけい》され、福島第一原発のなかでもっとも安全な場所が、免震重要棟《めんしんじゅうようとう》だったからです。地震《じしん》発生とともに、多くの所員がここに集まり、作業をする人たちを補助《ほじょ》し、それぞれの役割《やくわり》を果たしていました。

しかし、外気の汚染《おせん》が予想以上に早く、脱出《だっしゅつ》の機会を失っていたのです。彼《かれ》ら彼女《かのじょ》らをどう脱出《だっしゅつ》させるか。それは、吉田《よしだ》さんがずっと考えつづけたことにほかなりません。

「一緒《いっしょ》に死ぬ人間」

それは、朝方の四時、いや、五時を過《す》ぎていたかもしれません。

吉田《よしだ》さんが協力企業の人たちに帰ってもらうよう指示《しじ》したあと、席に戻《もど》り、しばらく経《た》ったとき、吉田《よしだ》さんの様子《ようす》がおかしいことに何人もが気づきました。

顔から精気《せいき》が失われ、どこか、うつろな表情《ひょうじょう》をしているのです。明らかにこれまでと雰囲気《ふんいき》が違《ちが》います。ふいに吉田《よしだ》さんは、すわっているいすをうしろに引いて、立ち上がりました。それは、〝ゆらり〟と立ったように見えました。

身長百八十センチメートル以上ある吉田《よしだ》さんが、幽霊《ゆうれい》のように立ち上がったかと思うと、

今度は、机《つくえ》を背《せ》にして、いすとの間にできたスペースにそのまま、あぐらをかいてすわりこんでしまったのです。
　そして、机のなかにすっぽりと入った吉田《よしだ》さんは、ゆっくりと頭を垂《た》れました。吉田《よしだ》さんは、目をつむったまま動きませんでした。手は、長い足が交差する部分を包み込《こ》むように置かれています。見ようによっては、座禅《ざぜん》を組んでいるようにも思えました。
（もう、終わりだ……）
　周囲の人間は、そう思いました。誰《だれ》も言葉を発しません。黙《だま》って吉田《よしだ》さんの姿《すがた》を見ています。事態《じたい》の深刻《しんこく》さは、緊急時《きんきゅうじ》対策室《たいさくしつ》にいる人たちにはわかりました。いよいよ「最期《さいご》のとき」がきたことを、吉田《よしだ》さんが身体全体でまわりの人に伝えていました。

真っ先に吉田《よしだ》さんの〝異変《いへん》〟に気づいたのは、吉田《よしだ》さんの背中《せなか》側の席にいた企画広報《きかくこうほう》グループの猪狩典子《いがりのりこ》さん（五二）です。

「あのとき、もう最期《さいご》だと思いました。それまで席にすわっていた吉田《よしだ》さんが突然《とつぜん》、立ち上がったかと思うと、机《つくえ》の下にもぐったかたちで、そのまま〝あぐら〟をかくようにすわったんです。吉田《よしだ》さんは、しばらく頭を下にして、目をつむっていました。私《わたし》は、ああ、（原子炉《げんしろ》が）もうダメなんだ、と思いました」

三分、五分、十分……その状態《じょうたい》は続きました。猪狩《いがり》さんは、吉田《よしだ》さんの様子《ようす》を黙《だま》って見ていました。企画広報《きかくこうほう》グループの猪狩《いがり》さんの席は、吉田《よしだ》さんとわずか五メートルほどしか離《はな》れていません。それは、地震《じしん》発生以来、この五日間、どれほど疲《つか》れていても、そのそぶりすら見せなかった吉田《よしだ》さんの信じられない姿《すがた》でした。

しかし、このとき、吉田《よしだ》さんは、頭を垂《た》れながら、これからどうたたかうかを考えていたのです。

「私《わたし》はあのとき、自分と一緒《いっしょ》に〝死んでくれる〟人間の顔を思い浮《う》かべていたんです」

吉田《よしだ》さんは、その場面をこう話してくれました。

「そのとき、もう完全にダメだと思ったんですよ。いすにすわっていられなくてね。いすをどけて、机《つくえ》の下で、座禅《ざぜん》じゃないけど、あぐらをかいてすわったんです。終わりだっていうか、あとはもう、それこそ神さま仏《ほとけ》さまにまかせるしかねぇっていうのがあってね」

それは、吉田《よしだ》さんにとって、ぎりぎりの場面でした。吉田《よしだ》さんは何を思っていたのでしょうか。

「何人を残して、どうしようかというのを、そのときに考えましたよね。一人ひとりの顔を思い浮《う》かべてね。私《わたし》は、東京電力に入社して、福島第一は長いですからね。若《わか》いときから何度も勤務《きんむ》しているし、合わせると十年以上、ここで働いていますからね。若《わか》いときから、一緒《いっしょ》にやってきた仲間が、けっこういるんですよ」

吉田《よしだ》さんは、その一人ひとりの顔を思い浮《う》かべたというのです。

「最後はどういうかたちで現場《げんば》の連中と折り合いをつけ、原子炉《げんしろ》との折り合いをつけるかです。水を入れつづける人間は何人くらいにするか、誰《だれ》と誰《だれ》に頼《たの》むか、とかですね。極論《きょくろん》

すれば、私自身《わたし》はもう、どんな状態《じょうたい》になっても、ここを離《はな》れられないと思っていますから

ね。その私《わたし》と一緒《いっしょ》に死んでくれる人間の顔を思い浮《う》かべたわけです。一緒《いっしょ》に働いた連中が

山ほどいますから、次々《つぎつぎ》と顔が浮《う》かんできました」

最初に浮《う》かんだのは、復旧班《ふっきゅうはん》の班長《はんちょう》をしていた曳田史郎《ひきだしろう》さん（五六）でした。曳田《ひきだ》さん

は、吉田《よしだ》さんと同《おな》い年です。

「曳田《ひきだ》は、本当に私《わたし》と同《おな》い年なんですよ。昔からいろんなことを一緒《いっしょ》にやってきましたか

らね。曳田《ひきだ》なら、私《わたし》と一緒《いっしょ》に死んでくれるだろうな、って最初に浮《う》かんできたんですね」

曳田《ひきだ》なら一緒《いっしょ》に死んでくれる、こいつも一緒《いっしょ》に死んでくれるだろう、と、それぞれの顔

を吉田《よしだ》さんは思い浮《う》かべていきました。

「やっぱり、若《わか》いときから一緒《いっしょ》にやってきた、自分と同じような年齢《ねんれい》の連中の顔が、次々《つぎつぎ》

と浮《う》かんできてね。頭のなかでは、死なしたらかわいそうだ、と一方では思っているんで

すが、だけど、どうしようもねぇよな、と。ここまできたら、水を入れつづけるしかねぇ

んだから。最後はもう、（生きることを）あきらめてもらうしかねぇのかな、と、そんなこと

をずっと頭のなかで考えていました」

吉田《よしだ》さんの口からは、「死」という言葉が何度も出てきました。あのとき、どれほどの時間そこにすわっていたのか、吉田《よしだ》さんは記憶《きおく》にありません。

「すわったまま、どのくらい考えていたのか、わからないんですよ。見当もつきません。時間については、ほとんど記憶《きおく》にないんですよ。それで、もうしょうがねぇと腹《はら》を決めて、あとはデータを待つしかないんですよ。データが改善《かいぜん》するのを待つしかない。それが報告《ほうこく》されなければ、最後まで復旧《ふっきゅう》の活動をやって、それで死ぬほかなかったですね」

命をかけて一緒《いっしょ》にたたかってもらう人間の顔を一人ひとり思い浮《う》かべた吉田《よしだ》さんは、なにかさっぱりした気持ちになっていました。

猪狩典子《いがりのりこ》さんは、こう語ります。

「吉田《よしだ》さんはそのあと、ごろんと横になったんです。はっと思いました。ああ、吉田《よしだ》さんもいよいよ、と思いました。さあ、全部で三十分くらい経《た》ったでしょうか。吉田《よしだ》さんは大丈夫《だいじょうぶ》かと心配になって、うちの企画広報《きかくこうほう》の人間が机《つくえ》の下で倒《たお》れている吉田《よしだ》さんに〝しっかりしてください。大丈夫《だいじょうぶ》ですか〟と声をかけ、それで起こしたんです」

それが、「日本」を守るために限界《げんかい》までたたかう男の姿《すがた》だったのです。

第十章　ぎりぎりの決断《けつだん》

恐《おそ》れていた事態《じたい》

「2号機、サプチャン（サプレッション・チェンバー）の圧力《あつりょく》、ゼロになりましたぁ！」

その声は、緊急時対策室《きんきゅうじたいさくしつ》にひびきわたりました。声の主は、伊沢郁夫《いざわいくお》さんです。三月十三日の夕方から、伊沢《いざわ》さんたちは数時間ごとに1・2号機中央操作室《ちゅうおうそうさしつ》に交代で行く態勢《たいせい》に切り替《か》えていました。

「うっ」。伊沢《いざわ》さんが叫《さけ》んだ瞬間《しゅんかん》、声にもならない声が緊急時対策室《きんきゅうじたいさくしつ》を包んだのです。

それは、三月十五日の朝六時過《す》ぎのことです。直前に、大きな衝撃音《しょうげきおん》が緊急時対策室《きんきゅうじたいさくしつ》を包み込《こ》んでいました。明らかに〝何か〟が爆発《ばくはつ》した音でした。

（今度はどこが……？）

緊急時対策室《きんきゅうじたいさくしつ》に緊張《きんちょう》が走ったとき、

「パラメーター、確認《かくにん》しろ！」

吉田《よしだ》さんがそう叫《さけ》んでいました。

「はい！」

このとき、1・2号機中央操作室《ちゅうおうそうさしつ》に入っていたのは、平野《ひらの》さんを筆頭とする運転員たち五人でした。平野《ひらの》さんたちは爆発音《ばくはつおん》が起こってすぐ、暗闇《くらやみ》の中央操作室《ちゅうおうそうさしつ》で懐中電灯《かいちゅうでんとう》を頼《たよ》りに、次々《つぎつぎ》とパラメーターの数字をバッテリーにつないで読み取っていきました。

そのとき、サプチャンの圧力《あつりょく》が「ゼロ」になっているのを発見したのです。

「2号機、サプチャンの圧力《あつりょく》、ゼロ！」

ただちに、平野《ひらの》さんから伊沢《いざわ》さんに電話連絡《れんらく》がきました。

受話器を握《にぎ》ったまま伊沢《いざわ》さんは、緊急時対策室《きんきゅうじたいさくしつ》の隅々《すみずみ》までひびきわたる声で叫《さけ》んだのです。サプチャンの圧力《あつりょく》が「ゼロ」になったということは、どこかに穴《あな》でも開いて、格納容器《かくのうようき》の圧力《あつりょく》を調整できなくなった可能性《かのうせい》があることを示《しめ》しています。

恐《おそ》れていた事態《じたい》が起こったのかもしれない――受話器を握《にぎ》りしめたまま、伊沢《いざわ》さんは、いっそうあわただしくなる緊急時対策室《きんきゅうじたいさくしつ》の光景を見つめて、そんなことを考えていました。

まもなく吉田《よしだ》さんから指示《しじ》が飛びました。

「各班《かくはん》は、最少人数を残して退避《たいひ》！」

大きな声でした。吉田《よしだ》さんは、ついに、各班《かくはん》に必要最小限《ひつようさいしょうげん》の人数を残しての「退避《たいひ》」を命じたのです。いっせいに所員たちは動きはじめました。

実は、三時間ほど前の午前三時過《す》ぎ、東京電力本店から指示書《しじしょ》がメールで送られ、緊急《きんきゅう》時対策《じたいさく》メンバーたちをのぞいて、大半は福島第一原発から南に十二キロメートルほどのところにある福島第二原発に移《うつ》ることが指示《しじ》されていました。

けが人と病人は福島第二原発のビジター施設《しせつ》へ、健常者《けんじょうしゃ》（心身ともに健康な人）は体育館に行くこと、移動《いどう》にあたっては、バス五台とそれぞれの自家用車を使うこと……などが伝えられ、その時点から各班《かくはん》で退避《たいひ》するメンバーの選別は進んでいました。そのため、吉田《よしだ》所長が「退避《たいひ》」を命じたことで、あらかじめ指示《しじ》されたとおり、いっきょに所員は動いたのです。

このとき、伊沢《いざわ》さんは独特《どくとく》の感情《かんじょう》を抱《いだ》いたと言います。

「この時点で、技術系《ぎじゅつけい》の人間ではない人たちも含《ふく》めて、免震重要棟《めんしんじゅうようとう》には大勢《おおぜい》の人（およそ七百人）が残っていました。吉田《よしだ》さんは、技術系《ぎじゅつけい》以外の人は早く退避《たいひ》させたかったと思います。しかし、外の汚染《おせん》が進んでいましたから、免震重要棟《めんしんじゅうようとう》から外に出すことができなくなっていました。でもこのとき、そんなことを言っていられない状況《じょうきょう》が生まれたわけですから、最小限《さいしょうげん》の人間をのぞいて福島第二への退避《たいひ》を吉田《よしだ》さんが命じたんです。退避《たいひ》を命じることができたことで、吉田《よしだ》さんはある意味、ホッとしているかもしれないと思いました」

伊沢《いざわ》さんはそう回想します。

吉田《よしだ》さんが「退避《たいひ》を命じる」ことができたという事実に、伊沢《いざわ》さんは、ああよかった、と不思議な感覚にとらわれていたのです。それは、地震《じしん》発生以来、中央操作室《ちゅうおうそうさしつ》で極限《きょくげん》の作業の指揮《しき》をおこなってきた伊沢《いざわ》さんだからこその感想だったといえるでしょう。

「死装束《しにしょうぞく》に見えた」

必要最小限《ひつようさいしょうげん》の人間をのぞいて退避《たいひ》――いざ、吉田《よしだ》さんの命令が出ると、免震重要棟《めんしんじゅうようとう》は、一種の混乱状態《こんらんじょうたい》におちいりました。

「自分は残る」という人が、次々《つぎつぎ》と出てきたからです。伊沢《いざわ》さんは、「技術《ぎじゅつ》を持った人間以外は退避《たいひ》してほしい」と思っていました。また、若《わか》い人にも、退避《たいひ》してほしいと思っていました。目の前にいる若《わか》い人に、伊沢《いざわ》さんは声をかけました。

「おまえ、何しているんだ。早く出ろ」

「いや、僕《ぼく》は残ります」

「何言ってるんだ。おまえは若《わか》い。出ろ！」

「いやです」

「これは命令だ。早く出ろ」

そんな会話をしながら、伊沢《いざわ》さんは次々《つぎつぎ》と発電班《はつでんはん》の人間を送り出していったのです。

別の班《はん》でも、自分は残ります、という人が少なくありませんでした。

「これは命令だ。おまえたちは、いったん第二に退避《たいひ》しろ」

「いやです。僕《ぼく》たちも残ります」

「バカ野郎《やろう》！　おれたちが死んだら、次はおまえたちが来るんだ！　おまえたちが死んだら、今度は次のやつが来るんだ。たたかいつづけるには、今、おまえたちがいったん退避《たいひ》

しなければならないんだ！　わからないのか！」

「……」

これもまた壮烈《そうれつ》なシーンでした。こうして、約六百五十人の所員たちが、命令に従《したが》って福島第二原発に退避《たいひ》していきました。

「ありがとうございました」

「お世話になりました」

若《わか》い人たちがあいさつをして出ていきます。目に涙《なみだ》を浮《う》かべて部屋を出ていった人もいます。

しかし、出ていったのは、若《わか》い人たちだけではありませんでした。当然、残るだろうと思っていたベテランのなかにも、荷物を持って出ていく人がいました。

生と死が分かれる場面は、どんなときでもきびしいものです。覚悟《かくご》を決めてベントの再《さい》チャレンジに行《い》った吉田一弘《よしだかずひろ》さんは、このとき、伊沢《いざわ》さんとともに緊急時対策室《きんきゅうじたいさくしつ》に残りました。生と死が分かれるその場面を、吉田一弘《よしだかずひろ》さんは今も思い出したくないと言います。

「誰《だれ》が残ったとか、誰《だれ》がいなくなったとか、できるだけ考えないようにしたのは、それが尾《お》を引くのがいやだったからです。今までつきあってきて、〝おまえは技術者《ぎじゅつしゃ》だ〟って、信《しん》頼《らい》できる人間も、バラバラといなくなるので、できるだけそういうことは考えないようにしました。年をとった人も、けっこう、避難《ひなん》していきましたよ。技術《ぎじゅつ》を持っている人間は残らなきゃいけないって、僕《ぼく》は個人的《こじんてき》には思っていました。でも、やっぱり、ほとんどが福島第二原発のほうに避難《ひなん》してしまうと、人間って、心細くなるもんですね……」

吉田一弘《よしだかずひろ》さんは、そうしみじみと振《ふ》り返ります。

それは、「人としての極限《きょくげん》」ともいえる場だったかもしれません。人にはそれぞれ、家庭や人生があります。同じ職場《しょくば》に、同じようにいても、背負《せお》っているものが事情《じじょう》によって違《ちが》うのですから、それぞれの人間が「福島第二原発への退避《たいひ》」を自分自身で決断《けつだん》したのは、人としてあたりまえのことだったのです。

このとき、人の流れとは逆《ぎゃく》に、二階の緊急時対策室《きんきゅうじたいさくしつ》に駆《か》けあがった女性《じょせい》所員がいます。防災《ぼうさい》安全グループにいた佐藤眞理《さとうまり》さん（四九）です。

警察官《けいさつかん》の父を持つ佐藤《さとう》さんは、父親の転勤《てんきん》にともなって、福島県内のあちこちで暮《く》らした経験《けいけん》があります。なかでも浜通《はまどお》りには、特に愛着がありました。双葉郡《ふたばぐん》の広野町には、父親の実家があるからです。

もともと佐藤《さとう》さんは保母《ほぼ》さんになりたかったのですが、浜通《はまどお》りの双葉郡《ふたばぐん》に発電所を持つ東京電力に就職《しゅうしょく》することになります。結婚《けっこん》して母親になった佐藤《さとう》さんは、このとき、二十二歳《さい》と十九歳《さい》の大学生の息子と娘《むすめ》がいました。

佐藤《さとう》さんが所属《しょぞく》していた防災《ぼうさい》安全グループとは、文字どおり、こうした災害時《さいがいじ》に、所員の安全や誘導《ゆうどう》など、さまざまな作業をおこないます。地震《じしん》発生のとき、まだ揺《ゆ》れが続いているさなかに、緊急《きんきゅう》放送設備《せつび》に飛びつき、所内じゅうにひびきわたるマイクで「緊急避《きんきゅうひ》難《なん》！」と叫《さけ》んだのも、佐藤《さとう》さんでした。

しかし、天井《てんじょう》の化粧板《けしょうばん》がバリバリと落ちるなかで、緊急《きんきゅう》放送の通信回線がちぎれ飛び、佐藤《さとう》さんの放送はそのひと言で終わっています。以来、彼女《かのじょ》は、免震重要棟《めんしんじゅうようとう》に踏《ふ》みとどまって、作業員の世話や食事関係を含《ふく》め、多くの活動をおこなってきました。免震重要棟《めんしんじゅうようとう》には、このとき、佐藤《さとう》さんのような女性《じょせい》が、まだたくさん残っていたのです。

「もうそれまでに、見るも悲惨《ひさん》な状況《じょうきょう》になっていました。誰《だれ》も、お風呂《ふろ》にも入れないし、そもそも水さえなくなっているんですから。しかも、天井《てんじょう》とかも落ちて、みんな頭が真っ白になったまま、そのままいるわけでしょう。男の人はひげ面《づら》で、顔も洗《あら》えないんです。女の人は頭はペッチャンコだし、もう、お化粧《けしょう》っ気《け》もなく、みんな素顔《すがお》なんですよ。たまたま、あの白いマスクが手に入ると、ちょうど顔をかくせていいな、と思ってつけていました。トイレも流れませんからすごいことになっているし、そんななかで、ざこ寝《ね》しているわけです。それはひどい状況《じょうきょう》でした」

佐藤《さとう》さんは、吉田《よしだ》所長の命令が出たときに一階にいたため、その声を直接《ちょくせつ》聞いていません。しかし、あらかじめ「福島第二原発に退避《たいひ》すること」を聞いていたため、残る人たちのために防護《ぼうご》マスクを確保《かくほ》していました。退避《たいひ》する人たちが全員マスクをつけて出ていくと、残って作業をする人のマスクがなくなってしまい、現場《げんば》に近づくことができなくなるからです。

一階には、外に出るためのほとんどの装備《そうび》が置いてあります。タイベックに全面マスク、そして、靴《くつ》にはビニールのカバーをつけて作業に出ていくのです。

しかし、ドーッと降りてきた退避《たいひ》の人たちに、マスクの絶対数《ぜったいすう》が足りなくなりました。マスクを確保《かくほ》できない人は、ハンカチを口にあててバスに飛び乗ったり、駐車場《ちゅうしゃじょう》に置いてある通勤《つうきん》用の自家用車に走って向かったりしました。

そんな光景を見ながら、佐藤《さとう》さんは、ふと、自分と一緒《いっしょ》に活動していた若《わか》い人が緊急時《きんきゅうじ》対策室《たいさくしつ》にまだ残っているのではないか、と思いました。もし、残っていたら、彼《かれ》らを死なせるわけにはいきません。佐藤《さとう》さんは、そう思って緊急時対策室《きんきゅうじたいさくしつ》に駆《か》けあがったのです。

入っていくと、シーンとしたなかで、吉田《よしだ》所長たち幹部《かんぶ》が円卓《えんたく》にすわっていました。

「本当にみんな黙《だま》って、吉田《よしだ》所長をはじめ五十人ほどの管理職《かんりしょく》の人たちが円卓《えんたく》とその近くにいましたね。静寂《せいじゃく》というか、シーンとしていました。それまで緊急時対策室《きんきゅうじたいさくしつ》のなかは、ずっとわさわさしてたのに、印象的な光景でした」

その円卓《えんたく》の向こう、入口から見れば、いちばん遠くの壁《かべ》にあるテレビ会議のディスプレイの下に、三人の若者《わかもの》が床《ゆか》に車座《くるまざ》になってすわりこんでいるのが見えました。消火班《しょうかはん》の人たちです。佐藤《さとう》さんは、幹部《かんぶ》たちがいる円卓《えんたく》の横を通って、ディスプレイのほうに近づいていきました。

「もうみんな装備《そうび》して、下で待ってるよ」

佐藤《さとう》さんは、三人にそう声をかけました。しかし、彼《かれ》らは反応《はんのう》を示《しめ》しません。

「消火班《しょうかはん》の人はもうみんな行ってるから。みんなバスに乗ってますよ」

佐藤《さとう》さんは、さらにそう語りかけましたが、それでも彼《かれ》らは立ち上がろうとしませんでした。佐藤《さとう》さんに対して、何も言葉を発しなかったのです。

(ここで最後までたたかって、死ぬつもりだ)

佐藤《さとう》さんには、そのことがわかりました。

「私《わたし》、ここに残るということは、本当に死ぬことだと思っていたので、ただ若《わか》い人は死なせたくないっていう思いで、いっぱいだったんですよね。管理職《かんりしょく》の方は責任《せきにん》があるから別ですけど、その若《わか》い人たちは、ここで死ぬのがわかっていて、どうしても置いていけないと思いました。みんなバラバラと免震重要棟《めんしんじゅうようとう》を出ているんだけど、〝ね、下にいるからね、早く行きましょう〟って言いましたよ。でも、動かないんですよ」

　佐藤《さとう》さんは、残ることを決めていた三人の意志《いし》が固いことを知りました。

「もうここはダメだと思っていましたから。次に来るときは、本当の復興《ふっこう》のときかなという感じでした。私《わたし》は、戦争のときに若《わか》い人が特攻《とっこう》（特別攻撃隊《とくべつこうげきたい》の略《りゃく》。旧《きゅう》日本軍による体当たり攻《こう》撃《げき》のこと）で命を落としていったことを知っています。だから、この若《わか》い人たちが死ぬとわかっているのに絶対《ぜったい》に死なせられない、と思ったんですよ」

　そのとき、佐藤《さとう》さんは自分でも驚《おどろ》くくらいの大きな声で叫《さけ》んでいました。

「あなたたちには、第二、第三の復興《ふっこう》があるのよ！」

　それは、緊急時対策室《きんきゅうじたいさくしつ》じゅうにひびく声でした。佐藤《さとう》さんは必死でした。そうでも言わなければ、彼《かれ》らは退避《たいひ》しないだろうと思ったのです。時間はありません。

　あなたたちは、「復興《ふっこう》」に命を尽《つ》くしなさい――それは、彼《かれ》らより年長の佐藤《さとう》さんの心からの叫《さけ》びでした。あたかも、あの太平洋戦争下で若《わか》き兵士たちに、戦後の復興《ふっこう》を託《たく》すようなものでした。

　しかし、同時に佐藤《さとう》さんの声は、円卓《えんたく》にすわっている幹部《かんぶ》たちにも聞こえています。復《ふっ》興《こう》というのは、彼《かれ》らの「死」を前提《ぜんてい》にしているものです。

「円卓《えんたく》にいる幹部《かんぶ》たちは、もう死ぬ覚悟《かくご》をしていたと思うし、実際《じっさい》に、私《わたし》は彼《かれ》らは最後まで残るべきだと思っていました。申し訳《わけ》ないとは思いましたが、私《わたし》は心のなかで、本当に若《わか》い人には復興《ふっこう》でやるべきことをやってほしいと思ったんです。幹部《かんぶ》の方たちは、死ぬのはしかたないと思いました。そういう気持ちで皆《みな》さんを見たので、吉田《よしだ》所長たちが死装束《しにしょうぞく》(死者に着せるための服)をまとっているように見えました」

やっと、三人は立ち上がりました。佐藤《さとう》さんの気合《きあ》いが、彼《かれ》らを動かしたのです。

そのすべてを吉田《よしだ》所長は、見ていました。佐藤《さとう》さんは、それが実におだやかな表情《ひょうじょう》だったのを覚えています。

「吉田《よしだ》所長は、私《わたし》たちのほうをおだやかな顔で見ていました。あの方は、とっくに覚悟《かくご》を決めておられたと思います。吉田《よしだ》さんはいつも、端然《たんぜん》として(きちんとした姿勢《しせい》で)すわっているんですよ。そわそわなんかしないです。黙《だま》って、こうやってすわっているんです。私《わたし》は、これで皆《みな》さんと会うのは最後だと思っていましたから、吉田《よしだ》所長だけでなく、全員に向かって礼をして、緊急時対策室《きんきゅうじたいさくしつ》を出たんです」

第十章　ぎりぎりの決断《けつだん》

深く礼をした佐藤《さとう》さんは、もう振《ふ》り返らなかったそうです。

「私《わたし》は、振《ふ》り返りませんでした。神聖《しんせい》な雰囲気《ふんいき》ですから、その円卓《えんたく》にすわっているのは、もう死装束《しにしょうぞく》で死のうとしている人たちですから、振《ふ》り返るなんて、そんな失礼なことはできませんでした」

会うのは、これが最後——復旧《ふっきゅう》にかかわる技術系《ぎじゅつけい》の人間をのぞいた人たちが退避《たいひ》するなかで、最後に部屋を出ていった佐藤眞理《さとうまり》さんは、そう語ってくれました。

残るべき者が残った

緊急時対策室《きんきゅうじたいさくしつ》は、シーンとなりました。それまでの騒《さわ》がしさがウソのような静かな空間となりました。しかし、不思議に悲壮感《ひそうかん》はありませんでした。

伊沢《いざわ》さんは、残るべきメンバーが「残ったのだ」と思っていました。

「私《わたし》がみんなを送り出したあと、振《ふ》り返ったら、発電班《はつでんはん》はいっぱい残っていたんですよ。えっ、と思いました。発電班《はつでんはん》は、技術《ぎじゅつ》を持っていますから、残らなければならない人は多かったですが、それでも、二十五人ほど残っていた。びっくりしてしまいました」

伊沢《いざわ》さんには、そのときの静けさが頭から離《はな》れません。

「みんなが、ウワーッて避難《ひなん》して、出つくしたじゃないですか。そのあとって、残るべき者が残って、すごく静かでしたよ。シーンとしたなかで、残った者がお互《たが》いの顔を見ました。いや、悲壮感《ひそうかん》じゃないですよ。もう、笑顔っていったらあれだけど、何ていうか独特《どくとく》の雰囲気《ふんいき》でした」

そのとき、黙《だま》っていた吉田《よしだ》所長が静けさを打《う》ち破《やぶ》るように、こう言いました。

「何か……食べるか？」

それは、事態《じたい》の深刻《しんこく》さとは、あまりにかけ離《はな》れた言葉でした。

いやでも死を意識《いしき》せざるをえなかった残った面々《めんめん》の緊張《きんちょう》が、このひと言で一瞬《いっしゅん》にして解《ほど》けました。これこそが、吉田《よしだ》さんの吉田《よしだ》さんたるゆえんかもしれません。

吉田《よしだ》さんのひと言で、それぞれがごそごそと食べ物を探《さが》しはじめました。

「何か食べるもん、ねえかなあ」

「ほら、あった、あった、あった」

「ほい、ほい、ほい」

せんべいやクラッカーなどが、いろんな場所から出てきました。そして、それぞれが配りはじめました。

「何か食べるかって、吉田《よしだ》さんが言ったとき、あっ、おれとおんなじこと言ってる、と思ったんですよ」

伊沢《いざわ》さんは、そう言います。

「中央操作室《ちゅうおうそうさしつ》にこもって、シーンとなったときに、私《わたし》も同じことを言ったことがあるんですよ。なんか、雰囲気《ふんいき》を変えるというか……。吉田《よしだ》さんが言ったとき、みんな、〝うおっとお〟って、そんな感じになりましたね。みんなで、あっちこっち、机《つくえ》とかいろいろゴソゴソ探《さが》しましたよ。非常食《ひじょうしょく》しかないんですけどね。飲み物は、残っていたペットボトルの水だったですね」

やはり、そこには独特《どくとく》の仲間意識《いしき》と連帯感があったのでしょう。

「なにか、さわやかでしたよ。みんなぐっと覚悟《かくご》を決めたっていう感じでしたからね。残って、シーンとなったときに、本店としゃべっているわけでもなし、ほんとに、発電所単《たん》独《どく》になった感じでね。おまえもいたのか、みたいに、冗談《じょうだん》を言いながら、けっこう明るかったと思います。このあと、私《わたし》たちは、また中央操作室《ちゅうおうそうさしつ》に行くんですけど、もう、覚悟《かくご》を決めた人間ですから、行くのはどうということはなかったです。それより、こいつまで殺しちゃうのか、と心配しなくちゃいけない人間がみんないなくなって、死んでもいい人間だけになりましたから、悲壮感《ひそうかん》というよりも、さわやかな感じがありました」

しかし、吉田《よしだ》さんを筆頭に緊急時対策室《きんきゅうじたいさくしつ》の面々《めんめん》は、あきらめたわけではありませんでした。むしろ〝身軽〟になったぶん、さらに闘志《とうし》がわいてきたのかもしれません。それは、「新しいたたかいの始まり」だったのです。

「やることは決まっているんですよね。原子炉《げんしろ》のデータをとる、そこは当直の仕事で、原《げん》子炉《しろ》に水を入れるのは、消火班《しょうかはん》と復旧班《ふっきゅうはん》の仕事です。あとは電源復旧《でんげんふっきゅう》と、消防車《しょうぼうしゃ》の燃料補《ねんりょうほ》給《きゅう》もありましたね。それをずうっと継続《けいぞく》したら、とりあえず悪くはならない。だから、あの状況《じょうきょう》のなかで、まだ現場《げんば》に行くんですよ。死ぬと思って残っているわけじゃなくて、われわれは、やることがあるから残っているわけですから」

すでに、伊沢《いざわ》さんたちの身体はぼろぼろになっていました。免震重要棟《めんしんじゅうようとう》のトイレは、真っ赤になっていた、と伊沢《いざわ》さんは語ります。

「トイレは水も出ないから悲惨《ひさん》ですよ。流すこともできませんからね。みんなで仮設《かせつ》のトイレを運んで、いっぱいになったら、また次の仮設《かせつ》トイレを組み立てながらやってましたけど、とにかく真っ赤でしたよ。みんな、血尿《けつにょう》なんです。あとで、三月下旬《げじゅん》になって、水が出るようになっても、小便器自体は、ずっと真っ赤でした。みんな疲《つか》れはてていましたからね」

六百人以上が退避《たいひ》して、免震重要棟《めんしんじゅうようとう》に残ったのは「六十九人」でした。海外メディアによって、のちに〝フクシマ・フィフティ〟と呼《よ》ばれた彼《かれ》らは、そんなきびしい環境《かんきょう》のなかで、目の前の「やらなければならないこと」に必死で立ち向かったのです。

福島第二原発に退避《たいひ》した人たちは、一度は退避《たいひ》したものの、三月十五日じゅうに続々《ぞくぞく》と福島第一原発に帰ってきました。翌日《よくじつ》には、さらに多くの人たちが帰ってきました。

「とにかく、水を入れろ」

吉田《よしだ》所長が事故《じこ》当初から言いつづける作業に、また多くの人がかかわったのです。愚直《ぐちょく》に水を入れつづける作業は、〝根比《こんくら》べ〟の様相を呈《てい》していました。暴走《ぼうそう》しようとする原子炉《げんしろ》をぎりぎりのところで止めても、それが数時間後には、ふたたび悪化するという状態《じょうたい》が繰《く》り返《かえ》されました。

そして三月十六日からは、自衛隊《じえいたい》や警察《けいさつ》、さらには、消防庁《しょうぼうちょう》からも応援《おうえん》がやってきて、さまざまな復旧《ふっきゅう》活動が展開《てんかい》されました。

吉田《よしだ》所長の指示《しじ》のもと、1号機から3号機までの原子炉《げんしろ》に注水を続ける消火班《しょうかはん》と復旧班《ふっきゅうはん》の執念《しゅうねん》は、すさまじいものでした。孤立《こりつ》した「空間」となっていた福島第一原発は、こうしてしだいに冷却《れいきゃく》が進んでいくのです。それは、暴走《ぼうそう》しようとする原子炉《げんしろ》が、ついに人間の執念《しゅうねん》に根負《こんま》けしたことを示《しめ》すものでもありました。

なんとしても日本を救わなければならない――人々《ひとびと》の執念《しゅうねん》と責任感《せきにんかん》は、ついに格納容器《かくのうようき》の爆発《ばくはつ》、そして東日本の壊滅《かいめつ》を防《ふせ》ぎきったのです。愛する家族のため、あるいは故郷《ふるさと》を、ひいては日本を救うために命をかけてたたかった人々《ひとびと》のことは、決して忘《わす》れてはならないと思います。

第十一章　鳴りやまない拍手《はくしゅ》

「**生きていたのか！**」

佐藤眞理《さとうまり》さんが、家族と連絡《れんらく》がとれたのは、地震《じしん》発生後、一週間が経《た》ってからのことです。佐藤《さとう》さんは、三月十八日ごろのことだったと記憶《きおく》しています。やっと電話が通じて、連絡《れんらく》することができたのです。

「もしもし」

「あっ、お母さん？」

「お母さんよ」

その瞬間《しゅんかん》、息子は叫《さけ》んでいました。

「お母さん、生きてた！」

死んだとばかり思っていた母親から突然《とつぜん》、電話がかかってきたのです。驚《おどろ》きとうれしさで、息子は思わず、泣き声になりました。三人の家族が交代で電話口に出てきました。

「おまえ、生きてたのか！」

死んだとばかり思っていた妻《つま》が生きていたことを知った夫は、そう叫《さけ》びました。

「今どこにいるんだ」

夫は、涙声《なみだごえ》で聞いてきました。

「どこって会社よ。免震重要棟《めんしんじゅうようとう》というところにいるのよ」

「なんでそんなところにいるんだ？」

そう言うと、夫はこう続けました。

「おれは、てっきり爆発《ばくはつ》でやられて、次に会うときはもう病院か、遺体安置所《いたいあんちじょ》かどっちかと思ってたぞ！」

家族が驚《おどろ》いたのも、無理はありません。

二日、三日、四日……ついに一週間が経《た》つまで、妻《つま》であり、母である佐藤《さとう》さんから連絡《れんらく》がこなかったのです。そんなときに、突然《とつぜん》、本人から電話がかかってきたのです。

「もう自分の携帯《けいたい》電話はないし、だから家族の携帯《けいたい》電話の番号もわからない。しかも、会社のなかでつながる電話なんか、ほとんど何もなかったですから、連絡《れんらく》しようにも、まったくできなかったんです」

佐藤《さとう》さんは、そう語ります。

「一週間くらい経《た》ったときに、うちの防災《ぼうさい》安全の部長のＰＨＳ（携帯《けいたい》電話のような移動《いどう》通信サービスの一つ）を借りて、本店の通信機経由《けいゆ》で、手帳の片隅《かたすみ》にあった息子の携帯《けいたい》の番号にかけてみたんです。そうしたら、たまたまかかったんですよ。こっちはもう気が立っているので、悲しいも何もないんですよ。でも、向こうは泣いているんですね」

電話の向こうの家族は、佐藤《さとう》さんが生きていたことで、思わず涙《なみだ》がこみ上げてきたのです。しかし、佐藤《さとう》さんは、外の状況《じょうきょう》がまったくわかっていませんでした。そう言われても、ピンとこないのです。

「なんかもう、そういうのを通《とお》り越《こ》していたんですね。きっと、まわりもそうだったと思います。気が立っているというか、変になっているから、泣けないんですよ。みんな何度も終わりだと思う場面を経験《けいけん》していますから、家族が泣いているのをＰＨＳで聞きながら、なんで泣いているんだろう、って思っていたんです。ほんとに今、考えると不思議です」

極限《きょくげん》の場にいた自分が、さまざまな「感情《かんじょう》を失っていた」のではないか、と佐藤《さとう》さんは今、思っています。

やっと伝えられた言葉

吉田一弘《よしだかずひろ》さんが家族と連絡《れんらく》がとれたのは、中央操作室《ちゅうおうそうさしつ》から緊急時対策室《きんきゅうじたいさくしつ》に戻《もど》ってきた三月十三日でした。原子炉建屋《げんしろたてや》に突入《とつにゅう》しようというときに、妻《つま》にこれまでの感謝《かんしゃ》の言葉を伝えたかった吉田《よしだ》さんは、極限《きょくげん》の場に身を置かれると、人は「やり残したこと」が、頭をかすめるものであることを知りました。

吉田一弘《よしだかずひろ》さんは、地震《じしん》発生直後に家族と一緒《いっしょ》にいましたが、それから最悪の事態《じたい》につき進むことなどわからず、そのため、別れるときに家族に何も伝えていなかったのです。

「会社に行かなくちゃならないっていうのと、おそらく、このあと、避難指示《ひなんしじ》が出るだろう、ということで、家族を避難所《ひなんじょ》に連れていかなくちゃならないって考えている間に、もう町から避難指示《ひなんしじ》が出たんですよ。それで、かみさんの車に家族を乗せて、とりあえずひと晩《ばん》の着替《きが》えと、通帳とハンコを持たせて、避難所《ひなんじょ》に送っていったんです」

吉田一弘《よしだかずひろ》さんは、そのまま妻《つま》の車で、会社に駆《か》けつけたのです。その後、吉田《よしだ》さんが命をかけた行動をしたことは、これまで紹介《しょうかい》したとおりです。

緊急時対策室《きんきゅうじたいさくしつ》に戻《もど》った吉田一弘《よしだかずひろ》さんは、やっと妻《つま》に、感謝《かんしゃ》の言葉を伝えることができました。

「緊急時対策室《きんきゅうじたいさくしつ》の社内パソコンが、Ｅメールで外部とつながっていたので、私《わたし》はそれで妻《つま》の携帯《けいたい》にメールを送ってみました。それが、幸運にもたまたま、届《とど》いたんです」

今、どこにいるんだ。どういう状況《じょうきょう》なのか、簡単《かんたん》に知らせてくれ。発電所は大変なことになっている——。そんな内容《ないよう》を記した吉田《よしだ》さんのメールが、やっと妻《つま》の携帯《けいたい》に届《とど》いたのです。吉田《よしだ》さんの「やり残したこと」が、やっと伝えられました。

「かみさんに〝ありがとう〟って伝えました。これまで幸せだった、と」

吉田一弘《よしだかずひろ》さんは、ひと言だけでも、家族、特に、妻《つま》には感謝《かんしゃ》の言葉を遺《のこ》しておきたかったのです。それができていないことに気づいたときに、自分自身が「落ち込《こ》む」ほど、つまり、心が折れかかるほどの状態《じょうたい》になったことを、吉田《よしだ》さんは、しみじみと思い出すのです。

そのときのメールに、吉田《よしだ》さんは、自分が死んだあとのことも短く、こう書きました。

「会社に文句《もんく》を言うんじゃないぞ」

それは、まさに遺言《ゆいごん》のメールにほかなりませんでした。

「〝もう帰れない〟とは、書きませんでしたが、〝これまで幸せだった〟というのは、事実上、帰れない、という意味ですよね。〝子供《こども》のことを頼《たの》む〟ということも書いたと思います。妻《つま》に、ありがとう、って送れたことで、やり残したことがなくなって、なんだか気分が落ち着きました……」

家族に「何か」を遺《のこ》すことができるかどうか。それは、決死の活動をおこなう男たちにとって、測《はか》り知れないほど大きな意味を持っていたのです。

妻《つま》から吉田《よしだ》さんに返ってきたメールには、こう書かれていました。

〈何を言ってるの、必ず帰ってきて。今すぐ帰ってきて〉

それは、愛する家族の心からの願いがあらわれた言葉にほかなりませんでした。

1・2号機中央操作室《ちゅうおうそうさしつ》の伊沢郁夫《いざわいくお》当直長の頭には、さまざまな場面で、「故郷《ふるさと》」が浮《う》かんできていました。故郷《ふるさと》とは、同時に「家族」でもあります。

中央操作室《ちゅうおうそうさしつ》にいたとき、伊沢《いざわ》さんは、早い段階《だんかい》から「自分は最後までここに残る」と心に決めていました。つまり、「死」を覚悟《かくご》していたのです。

「自分は最後まで残って、どうなるかわからないけれども、家族にはお別れだと思っていました。家族への連絡《れんらく》は、まったくしてないし、できませんでした。もちろん、家族のことは思い浮《う》かんでいました」

伊沢《いざわ》さんは、そう語ります。

「最初に家族のことを思い浮《う》かべたのは、実際《じっさい》にベントとか、そういうものをしなくちゃいけなくなったときです。もうまわりの地域《ちいき》の皆《みな》さんも、みんな退避《たいひ》しなきゃいけないし、ことの重大性《じゅうだいせい》を考えたときに、これは最後の手段《しゅだん》ですから、そこまでして、あとは誰《だれ》か残らなくちゃいけないってなったら、自分しかいないことはわかっていました。そのときに、やっぱり家族のことが浮《う》かんできました」

自分は残る――伊沢《いざわ》さんはそのことを、家族、特に、妻《つま》に伝えないといけないという思いはなかったのでしょうか。

「いや、家内は今日が運転の担当《たんとう》の責任者《せきにんしゃ》だっていうのはわかっていましたし、それはもう、そういう状況《じょうきょう》になったら、そうなることはわかっていたと思います。私《わたし》がどんな状況《じょうきょう》であろうと、最後までそこにいるはずだということは、連絡《れんらく》はなくても、家内はわかっていると思いました。外の状況《じょうきょう》もきびしくなっていましたし、家族には、逆《ぎゃく》に、頼《たの》む、無事でいてくれ、という思いでした。そのときは、家族全員の顔が浮《う》かびました」

伊沢《いざわ》さんの妻《つま》は、リウマチが悪化して、五年ほど前から車いす生活になっていました。それに、伊沢《いざわ》さんの母親は早くに亡《な》くなっていましたが、一九二六（大正十五）年生まれの父親が同居《どうきょ》していました。家族のことで気になることは少なからずあったのです。

それぞれの人間が、それぞれの「家族」を背負《せお》ってたたかっていました。伊沢《いざわ》さんは、吉田《よしだ》所長が「各班《かくはん》は最少人数を残して退避《たいひ》！」という指示《しじ》を出したとき、初めて二十六歳《さい》を筆頭とする三人の息子たちに、緊急時対策室《きんきゅうじたいさくしつ》からこんなメールを送りました。

「お父さんは最後まで残らなくてはいけないので、年老いた祖父《じい》さんと、口うるさい母ちゃんを、最後まで頼《たの》んだぞ」

それは、ユーモアを交えながらも、自分の覚悟《かくご》を息子たちに伝えるものでした。

息子たちからは、「おやじ、何言ってるんだ。死んだら許《ゆる》さない」というメールが返ってきました。

「いちばん下の息子からは、〝嫌《いや》だ。また、おやじと酒を飲むぞ〟というメールがきましたね。バカ野郎《やろう》って思いましたけどね。男たちですから、短いそんなメールでした」

それは、短くても男の子らしい、父親への尊敬《そんけい》と愛情《あいじょう》を込《こ》めたメッセージでした。

止められない涙《なみだ》

福島第一原発の運転員であると同時に、被災者《ひさいしゃ》でもある伊沢《いざわ》さんは、原発がもたらした被害《ひがい》の大きさを誰《だれ》よりもわかっています。地元の人たちの苦しみを知る伊沢《いざわ》さんは、月日が経《た》とうと、その重さが胸《むね》から離《はな》れないのです。

その伊沢《いざわ》さんが、原発事故《じこ》から久《ひさ》しぶりに地区の人と会えたのは、二〇一一年十一月下《げ》旬《じゅん》のことでした。震災《しんさい》からすでに九か月近くが経過《けいか》していました。いつ終わるかわからない避難《ひなん》生活の真っただなかのことです。

ときおり実施《じっし》される福島第一原発から半径二十キロメートル以内の警戒区域《けいかいくいき》での一時帰《いちじき》宅《たく》は、変わりはてたわが家の惨状《さんじょう》を、かつての主《あるじ》に伝えていました。人の手が入らなければ、たちまち雑草《ざっそう》は伸《の》び放題となり、住みなれた、なつかしの風景が、逆《ぎゃく》に哀《あわ》れを誘《さそ》うような痛《いた》ましい状態《じょうたい》となっていました。

そんなありさまが報道《ほうどう》されるたびに、伊沢《いざわ》さんの心は痛《いた》みました。その日、伊沢《いざわ》さんの姿《すがた》は、磐梯山《ばんだいさん》と猪苗代湖《いなわしろこ》を望む「ホテル・リステル猪苗代《いなわしろ》」にありました。

あの事故《じこ》以来、散《ち》り散《ぢ》りになっていた、伊沢《いざわ》さんの住む小さな地区の住民四十人あまりが、一堂に会することになったのです。みんなで集まって、もう一度、お互《たが》いの無事な顔を見よう。そして、これからも続く困難《こんなん》に立ち向かっていこう——世話役のそんな発案から生まれた、泊《と》まりがけの集まりでした。

まだ十二月にならないというのに、猪苗代湖《いなわしろこ》の周辺は、もう雪景色《ゆきげしき》となっていました。ホテルからはるか西側にそびえる磐梯山《ばんだいさん》も白くかすみ、すっかり冬支度《ふゆじたく》を整えた幻想的《げんそうてき》な姿《すがた》を雪景色《ゆきげしき》の向こうに浮《う》かべていました。

幸いにこの日は、前日の雪模様《ゆきもよう》がウソのように晴れあがり、気温も午後になって摂氏《せっし》五度を超《こ》え、前日に比《くら》べて、ずいぶん、しのぎやすい一日となりました。

伊沢《いざわ》さんは、父親を車に乗せて、はるばる、いわきから猪苗代《いなわしろ》までやってきました。かっとうの末、意を決して、伊沢《いざわ》さんはこの会合に参加したのです。

（これを逃《のが》したら、おやじが近所の人たちと旧交《きゅうこう》を温める機会は永遠《えいえん》に失われる……）

八十六歳《さい》になる父には、時間的な余裕《よゆう》は、それほどありません。伊沢《いざわ》さんは、そう思い、父をこの会合に連れてきたのです。

しかし、それは、同時に伊沢《いざわ》さんが東京電力に勤《つと》めていることを知っている、いや、子《こ》供《ども》のころからの自分を知っている近所の人たちと震災《しんさい》後、初めて顔合わせをすることにほかなりませんでした。

こんな苦しい避難《ひなん》生活を強《し》いられている人たちに、おれはどうやって会い、どんな声をかけさせてもらえばいいのだろうか。そして、どうやって、おわびの気持ちを伝えればいいだろうか。

伊沢《いざわ》さんは、そんなことばかり考えていました。罵声《ばせい》の一つや二つ浴びせられるくらいで済《す》めば、いいかもしれない。本当につらい生活を送る人々《ひとびと》のうらみ節を、この耳で聞き、そして、心の底からおわびを言いたい。伊沢《いざわ》さんは、幼《おさな》いころからお世話になった人たちに、直接《ちょくせつ》、顔と顔を合わせて、自分の本当の心情《しんじょう》を打ち明けるつもりでやってきたのです。

「あっ、郁夫《いくお》ちゃん！」

ホテルに入ってきた伊沢《いざわ》さん親子に偶然《ぐうぜん》、気づいた人が、そう言って駆《か》けよりました。

「郁夫《いくお》ちゃん、大丈夫《だいじょうぶ》だった？　大変だったわね……」

東京、千葉、福島、会津《あいづ》……さまざまな地に避難《ひなん》している人たちが、伊沢《いざわ》さんに次々《つぎつぎ》と声をかけてくれました。ここでは、五十歳《さい》を過《す》ぎた伊沢《いざわ》さんも、「郁夫《いくお》ちゃん」でした。福島の浜通《はまどお》りに生まれ、その大地と海の恵《めぐ》みを受けて生きてきた伊沢《いざわ》さんのことを、誰《だれ》よりも知っている人たちでした。

（……）

伊沢《いざわ》さんの頭に、あの暗闇《くらやみ》のなかで、中央操作室《ちゅうおうそうさしつ》に踏《ふ》みとどまって奮闘《ふんとう》した日々《ひび》がよみがえってきました。故郷《ふるさと》・福島を救うために、何度も何度もタービン建屋《たてや》、そして、原子炉《げんしろ》建屋《たてや》に突入《とつにゅう》していった決死の仲間たちの姿《すがた》が思い浮《う》かびました。彼《かれ》らもまた、自分と同じ地元・福島の男たちでした。

夜、ホテルの大広間で宴会《えんかい》が開かれました。大広間といっても、もともとが二十戸ほどしかない小さな地区の集まりです。参加した人も四十人ほどにすぎません。ゆったりした大広間には、不似合《ふにあ》いな会合だったかもしれません。

父は老人たちがすわっている前のほうの席に連れていかれましたが、伊沢《いざわ》さんは、いちばん後方の、目立たない場所にすわっていました。

もう八十歳《さい》を過《す》ぎた世話役がステージに進み出て、マイクを握《にぎ》りました。

やがて、震災《しんさい》以来の苦労をねぎらう世話役の言葉が、しみじみと大広間にひびいていきました。そして、お互《たが》いこれからも励《はげ》まし合っていこうという、世話役の話にみんなが耳を傾《かたむ》けました。

あいさつが終わりに近づいたころ、突然《とつぜん》、世話役がこう言いはじめました。

「実は今日、もう知っている人もいると思いますが、〝郁夫《いくお》ちゃん〟が来てくれているんだ……」

（えっ）

伊沢《いざわ》さんは、ハッとしました。目立たないように隅《すみ》にいた自分のことを、ステージの上

第十一章　鳴りやまない拍手《はくしゅ》

で世話役がそう語りはじめたのです。

「こんなことになってしまったけれど……」

世話役は、自分たちの境遇《きょうぐう》を振《ふ》り返ってそう前置きすると、こう続けました。

「……郁夫《いくお》ちゃんは、がんばってくれたんだ。最後まで……。故郷《ふるさと》を守るために、郁夫《いくお》ちゃんは、最後まで踏《ふ》ん張《ば》ってくれたんだ……。その郁夫《いくお》ちゃんが、今日はみんなに会うために、わざわざ来てくれたんだ……」

世話役は、そう言うと、最後部にいる伊沢《いざわ》さんのほうに目をやりました。みんなの視線《しせん》も、伊沢《いざわ》さんがすわっているほうに移《うつ》りました。

伊沢《いざわ》さんの身体は、硬直《こうちょく》したように動かなくなりました。ひと呼吸《こきゅう》おいて、世話役はこう言いました。

「皆《みな》さん……最後までがんばってくれた郁夫《いくお》ちゃんに、どうか拍手《はくしゅ》をしてあげてください……。拍手《はくしゅ》をお願いします」

伊沢《いざわ》さんは言葉を失いました。次の瞬間《しゅんかん》、拍手《はくしゅ》がわき起こりました。大きな拍手《はくしゅ》でした。

自分のほうを振《ふ》り向いたみんなが、拍手《はくしゅ》をしてくれています。

「郁夫《いくお》ちゃん、ありがとう」

「ありがとう、郁夫《いくお》ちゃん」

そんな声も聞こえました。故郷《ふるさと》を離《はな》れて、不自由な生活を余儀《よぎ》なくされている人たちが、これほどの悲しい目にあった人たちが、それでも、

「ありがとう、ありがとう。郁夫《いくお》ちゃん」

と、拍手《はくしゅ》をしてくれていました。

伊沢《いざわ》さんが故郷《ふるさと》を守るために、どれだけがんばってくれたか、幼《おさな》いころからの〝郁夫《いくお》ち

ゃん〟を知る人たちには、わかっていました。それは、誰《だれ》の説明を受けなくても、郁夫《いくお》ちゃんがどれほど懸命《けんめい》に踏《ふ》ん張《ば》ったか、そのことをわかっている人たちの拍手《はくしゅ》にほかなりませんでした。

不覚《ふかく》にも、伊沢《いざわ》さんの目から涙《なみだ》があふれてきました。あとから、あとから、とめどなく涙《なみだ》があふれ出てきました。伊沢《いざわ》さんは涙《なみだ》を止めることができませんでした。ひと言でも、おわびを言わなければならない。そして、それでも温かく迎《むか》えてくれたこの人たちに、お礼の気持ちを伝えなければならない。

伊沢《いざわ》さんは立ち上がりました。しかし、もはや何も言葉を発することはできませんでした。あふれ出る涙《なみだ》が頬《ほほ》を伝って、ぽたぽたと流れ落ちました。

伊沢《いざわ》さんには、ただ頭を下げることしかできませんでした。

（ありがとうございます……ありがとうございます……）

心のなかで繰《く》り返《かえ》すその言葉が、ついに声になることはありませんでした。いつまでも鳴りやまない拍手《はくしゅ》のなかで深く頭を垂《た》れつづける息子の姿《すがた》を、八十六歳《さい》の大正生まれの父親が静かに見つめていました。

第十二章　永遠《えいえん》の別れ

食道がんの告知

吉田所長《よしだ》は、事故《じこ》から八か月後、突然《とつぜん》、食道がんの宣告《せんこく》を受けました。すさまじいストレスのなかでたたかってきた吉田昌郎《よしだまさお》さんの身体は、いつの間にか、がん細胞《さいぼう》にむしばまれていたのです。

「がんの告知は、主人と一緒《いっしょ》に受けたんです。東京電力病院で、人間ドックに入ったとき、食道のあたりにかなり大きな影《かげ》があるという指摘《してき》を受けまして、くわしくは、慶應義塾《けいおうぎじゅく》大学病院の検査《けんさ》を受けて、ということになりました。それで十一月十六日に、告知されたんです。食道がんです、と二人で告知を受けたんですが、なんか、人の病気のことを聞くような感じで、二人とも落ち着いて聞けました。たぶん達観《たっかん》しちゃってたんだと思います。

先生の話が、遠くから聞こえるような感じで、ああ、そうなんですかあ、というふうでした。あんなに主人はがんばったのに、こんなひどい目にあって……という感情《かんじょう》が出てくるのは、ずっとあとですね」

吉田《よしだ》さんの夫人、洋子《ようこ》さんはそう語ります。

それは、生と死の狭間《はざま》で踏《ふ》ん張《ば》った吉田《よしだ》さんにとって、あまりに残酷《ざんこく》な運命でした。さらにくわしい検査《けんさ》のために入院した吉田《よしだ》さんは、福島第一原発の所長を後任《こうにん》に譲《ゆず》りました。

吉田《よしだ》さんが福島第一原発に戻《もど》り、たたかいの日々《ひび》を過《す》ごした免震重要棟《めんしんじゅうようとう》の緊急時対策室《きんきゅうじたいさくしつ》で、全員に対してあいさつをしたのは、二〇一一年十二月初めのことです。

緊急時対策室《きんきゅうじたいさくしつ》には、突然《とつぜん》去った吉田《よしだ》さんの姿《すがた》を見ようと、協力企業も含《ふく》めて数百人の人間が集まりました。マイクを持って、テレビ会議のためのディスプレイの前に立った吉田《よしだ》さんは、その一人ひとりに向かって、

「皆《みな》さん」

と語りかけました。福島第一原発では放射線《ほうしゃせん》のなかでの活動のため、建物のなかにいても全員がタイベック姿《すがた》です。免震重要棟《めんしんじゅうようとう》から一歩外に出るときは、さらに全面マスクを装《そう》

着《ちゃく》しなければなりません。

「皆《みな》さんにあいさつもできないまま、こんなかたちで所長を後任《こうにん》に譲《ゆず》ってしまいました。まことに申し訳《わけ》ありませんでした。もう私《わたし》の病気については、皆《みな》さんもご承知《しょうち》かと思いますが、どういう状況《じょうきょう》かと申しますと、食道がんということを病院で診断《しんだん》されました」

緊急時対策室《きんきゅうじたいさくしつ》では、ともにたたかった部下たちが、吉田《よしだ》さんの話をひと言も聞きもらすまいと静まりかえっています。

「私《わたし》はこれから抗《こう》がん剤治療《ざいちりょう》と手術《しゅじゅつ》をいたします。でも、手術《しゅじゅつ》をして、患部《かんぶ》を摘出《てきしゅつ》すれば治ると言われていますので、医者に任《まか》せてみようと思います。ここでみんなと一緒《いっしょ》にやってきたわけで、こういう状態《じょうたい》でここを去るのは非常《ひじょう》に心苦しいし、断腸《だんちょう》の思い（はらわたがちぎれるほど非常に悲しいこと）です」

吉田《よしだ》さんは、あの極限《きょくげん》の場面での部下たちのすさまじいたたかいぶりを思い出しながら、そう続けました。

「あの日々《ひび》を、私《わたし》は忘《わす》れることができません。今もきびしい状況《じょうきょう》に変わりはありませんが、皆《みな》さんのおかげで、なんとかここまでくることができました」

第十二章　永遠《えいえん》の別れ

直接《ちょくせつ》の部下たちも、協力企業の人間も、あの苦しかった日々《ひび》を思い出しながら、吉田《よしだ》さんの話を聞いています。

少し、深刻《しんこく》な雰囲気《ふんいき》になったので、吉《よし》田《だ》さんは、ここで得意の冗談《じょうだん》を飛ばしました。髪《かみ》の毛の薄《うす》い福島第一原発の総務《そうむ》部長の名前を出して、こう言ったのです。

「すでに私《わたし》は一回目の抗《こう》がん剤治療《ざいちりょう》を受けましたが、まだ私《わたし》の頭の毛は抜《ぬ》けておりません。彼《かれ》よりも、がん治療《ちりょう》を受けている私《わたし》のほうが毛があるはずです！」

吉田《よしだ》さんがそう言ったとき、全員がかたわらに立っている総務《そうむ》部長の頭と吉田《よしだ》さんとを見比《みくら》べ、いっせいに笑いが起こりました。吉田《よしだ》さんらしい冗談《じょうだん》でした。

「どうか、皆《みな》さんには、これからもがんばってほしい。まだまだ困難《こんなん》なことが続くでしょうが、それをどうか乗り切ってほしいと思います。福島県の人だけでなく、日本じゅうの人たちが皆《みな》さんに期待しています。そのことを忘《わす》れず、新しい所長のもとで力を合わせてやってください。ありがとうございました。私《わたし》も必ずここに戻《もど》ってきたいと思います」

それは、吉田《よしだ》さんの万感《ばんかん》を込《こ》めたあいさつでした。吉田《よしだ》さんが話し終わると、緊急時対《きんきゅうじたい》策室《さくしつ》に割《わ》れんばかりの拍手《はくしゅ》が巻《ま》き起こりました。

「ありがとうございました」

「がんばってください！」

「早く治して帰ってきてください」

吉田《よしだ》さんが緊急時対策室《きんきゅうじたいさくしつ》を出るとき、部下たちがそう言って駆《か》けよってきました。涙《なみだ》を浮《う》かべている者もいました。それは、きびしくつらいたたかいをともにした〝戦友〟たちとの別れでした。

吉田《よしだ》さんは当時のことを、こう振《ふ》り返ってくれました。

「みんなが駆《か》けよってくれてね。やっぱり、みんな心配してくれて、いろいろ声をかけてくれました。それまで、僕《ぼく》の病状《びょうじょう》がどうなっているんだろうっていうんで、最初はあまり噂《うわさ》もできないような状態《じょうたい》だったらしいんですよ。それが、僕《ぼく》が自分の口で、冗談《じょうだん》も言いながら話したんで、少し安心してくれたようです。みんな、おーおーっていう感じで、こっちは申し訳《わけ》ない、という話ができました。事故《じこ》後、放射線《ほうしゃせん》のなかでの勤務《きんむ》になるため、女《じょ》性《せい》所員はこのなかにはいませんでしたが、握手《あくしゅ》してくれるのもけっこう、いてね」

吉田《よしだ》さんは、そのあと福島第二原発に向かいました。

「第二の免震重要棟《めんしんじゅうようとう》にも行って、あいさつをさせてもらったんですよ。あの事故《じこ》のときの対応《たいおう》で、部下たちはかなり放射線《ほうしゃせん》を浴びましたからね。そういった連中は、バックアップの仕事をしろということで、新たにつくられた福島第二の安定化センターに送られて、そこで仕事をしていました。だから、ここでも、目いっぱい部下たちが集まってくれてね。ワーッともう、部屋いっぱいで、別れるときは、がんばってください、とずいぶん励《はげ》ましてもらいました」

こうして吉田《よしだ》さんは〝戦友たち〟に別れを告げたのです。

「奥《おく》さんに謝《あやま》っといてくれ」

それから二か月後の二〇一二年二月七日、吉田《よしだ》さんは食道がんの手術《しゅじゅつ》を受けました。それは、肋骨《ろっこつ》を一本はずしておこなう十時間近い大手術《しゅじゅつ》となりました。吉田《よしだ》さんは、その後の抗《こう》がん剤治療《ざいちりょう》で嘔吐《おうと》などの副作用《ふくさよう》に苦しみながら、なんとか回復《かいふく》の道をたどっていました。

二〇一二年七月、親友で、もっとも信頼《しんらい》する部下の曳田史郎《ひきだしろう》さんの携帯《けいたい》に、突然《とつぜん》、吉田《よしだ》さんからメールが送られてきました。そこには、こう書かれていました。

〈曳田《ひきだ》へ。あのとき、状況《じょうきょう》がさらに悪くなったら、最後は全員退避《たいひ》させて、おまえと二人だけで、残ろうと決めていた。だって、空《から》っぽにするわけにはいかないだろう。奥《おく》さんに謝《あやま》っといてくれ。ごめんな〉

奥《おく》さんに謝《あやま》っといてくれ。ごめんな――それは、あたかも別れを告げるような文言《もんごん》でした。何だろう。吉《よし》やん、どうかしたのか。

吉田《よしだ》さんと曳田《ひきだ》さんは、「曳田《ひきだ》」「吉《よし》やん」と呼《よ》び合う仲です。新潟《にいがた》の中学を出て、すぐ東電学園（東京電力が運営《うんえい》していた職業能力開発校《しょくぎょうのうりょく》）に入った曳田《ひきだ》さんより、東京工業大学の大学院を出て入社した吉田《よしだ》さんのほうが地位はいつも上でした。しかし、同《おな》い年の二人はなぜか気が合い、吉田《よしだ》さんが福島第一原発の勤務《きんむ》になったときは、いつも一緒《いっしょ》でした。

メールの文言《もんごん》を見たとき、曳田《ひきだ》さんは涙《なみだ》がこみ上げてきました。死を覚悟《かくご》したあの日々《ひび》のことを思い出したのです。なんとしても事故《じこ》を終息《しゅうそく》させようと、誰《だれ》もが心を一つにしてがんばった日々《ひび》がよみがえったのです。

さらに事態《じたい》が悪化し、最期《さいご》のときを迎《むか》えたら、そのときは「二人」で、福島第一原発に残ろうと考えていた――。

（バカ野郎《やろう》。おれがおまえ一人を残して、去っていくわけがないだろう。おれは、最後まで吉《よし》やんと一緒《いっしょ》だよ……）

曳田《ひきだ》さんは、そう心のなかでつぶやきました。そのとき、ボロボロ涙《なみだ》を流している曳田《ひきだ》さんに、奥《おく》さんが気づきました。

「あのメールは、ちょうど私《わたし》が非番《ひばん》で、女房《にょうぼう》と一緒《いっしょ》に家にいたときにきました。メールの文字を追っていくと、メールの最後に、あいつらしい、〝奥《おく》さんに謝《あやま》っといてくれ〟という言葉がありました。それを見たときに、涙《なみだ》が止まらなくなったんです。女房《にょうぼう》が気づいて、〝どうしたの？〟と聞いてきたので、黙《だま》って、その携帯《けいたい》を渡《わた》したのを覚えています。女房《にょうぼう》も泣いてしまって……」

曳田《ひきだ》さんは、そう振《ふ》り返ります。奥《おく》さんは泣きながら、曳田《ひきだ》さんにこう言いました。

「お父さんが、吉田《よしだ》さんをたった一人にするわけがないよね。お父さんのことだから、きっと、そうしたよね」

曳田《ひきだ》さんは、吉田《よしだ》さんに〈おれが、おまえを一人にするわけがないだろう〉と返信したことを覚えています。

吉田《よしだ》さんは、その直後の二〇一二年七月二十六日、脳内出血《のうないしゅっけつ》で倒《たお》れました。手術《しゅじゅつ》も受けましたが、症状《しょうじょう》の改善《かいぜん》は見られませんでした。

のちに、がんが肝臓《かんぞう》と肺《はい》に転移《てんい》していることもわかりました。

一年後の二〇一三年七月九日、吉田《よしだ》さんは五十八歳《さい》という若《わか》さで、東京・信濃町《しなのまち》の慶應《けいおう》義塾《ぎじゅく》大学病院で息を引き取りました。震災《しんさい》から二年四か月後のことでした。結局、曳田《ひきだ》さんへのあのメールは、曳田《ひきだ》さんにとって吉田《よしだ》さんの〝最後の言葉〟となりました。

今、曳田《ひきだ》さんのもとには、吉田《よしだ》さんから贈《おく》られた赤い皮袋《かわぶくろ》に入った焼酎《しょうちゅう》の小瓶《こびん》があります。これは、吉田《よしだ》所長が、最後に免震重要棟《めんしんじゅうようとう》から出ていったときに、ちょうど不在《ふざい》にしていた曳田《ひきだ》さんを、「曳田《ひきだ》はどうした。曳田《ひきだ》はいないのか」と探《さが》したうえに、「曳田《ひきだ》にこれを渡《わた》してくれ」と、同僚《どうりょう》に託《たく》してくれたものです。

それは、酒好きの曳田《ひきだ》さんに贈《おく》られた、小さな焼酎《しょうちゅう》でした。

「これを（同僚《どうりょう》から）受け取ったときは、私《わたし》は吉《よし》やんの病気は治るものだと信じていました。

その小瓶《こびん》は今も赤い皮袋《かわぶくろ》に入ったままです。封《ふう》も切られていません。おそらく、私《わたし》が生きている間は、このままだと思っています。いつかはこの小瓶《こびん》も封《ふう》を切られると思いますが、そのときは、横に、吉《よし》やんがいるだろうと思います」

曳田《ひきだ》さんは、そう言います。

吉田昌郎《よしだまさお》さんは、こうして駆《か》け足で、私《わたし》たちの前から去っていきました。残ったのは、さまざまな人々《ひとびと》の胸《むね》のなかの思い出と、ぎりぎりで「日本は救われた」という動かしがたい事実だけです。

私《わたし》（筆者）は、長時間におよんだ取材のなかで、吉田《よしだ》さんのこんな話が印象に残っていま

筆者のインタビューに応《おう》じる、福島第一原発所長をつとめた吉田昌郎《よしだまさお》氏（脳内出血《のうないしゅっけつ》で倒《たお》れる10日前の写真）

す。

「あのままいけば、福島第一原発と第二原発の両方の原子炉《げんしろ》十基《き》がやられて、チェルノブイリ事故《じこ》（注）の十倍の被害規模《ひがいきぼ》になっていたでしょう。私《わたし》は、その事態《じたい》を考えながら、あのなかで対応《たいおう》した現場《げんば》の部下たちのすごさを思うんですよ。その事態《じたい》を防《ふせ》ぐために、最後まで、部下たちが突入《とつにゅう》を繰《く》り返《かえ》してくれたこと、そして、命をかえりみずに駆《か》けつけてくれた自衛隊《じえいたい》をはじめ、たくさんの人たちの勇気を称《たた》えたいんです。本当に福島に大変な被害《ひがい》をもたらしてしまったあの事故《じこ》で、それでもさらに最悪の事態《じたい》を回避《かいひ》するために奮闘《ふんとう》してくれた人たちに、私《わたし》はたんなる感謝《かんしゃ》という言葉ではあらわせないものを感じています」

吉田《よしだ》さんは私《わたし》に、そうしみじみと語ってくれました。

自分たちに背負《せお》わされていたものの〝大きさ〟に押《お》しつぶされることなく、ときに激《はげ》しく、ときに淡々《たんたん》と、たたかいつづけた吉田《よしだ》さんと福島フィフティら現場《げんば》の人たち。私《わたし》たちはそのとき発揮《はっき》された彼《かれ》らの責任感《せきにんかん》と使命感を、いつまでも忘《わす》れないでいたいと思います。

（注）――チェルノブイリ事故《じこ》

一九八六年四月二十六日、旧《きゅう》ソ連《れん》キエフ市（現在《げんざい》はウクライナ領《りょう》）の北方約百キロメートルに位置するチェルノブイリの原子力発電所四号炉《ろ》で起こった、二十世紀最悪の原発事故《じこ》。炉心《ろしん》の溶融事故《ようゆうじこ》などが起こり、多数の死傷者《ししょうしゃ》が出て、ヨーロッパ各国など広い範囲《はんい》に放射能汚染《ほうしゃのうおせん》をもたらした。福島の原発事故《じこ》が最悪の事態《じたい》になっていた場合、被害規模《ひがいきぼ》はチェルノブイリ事故《じこ》の十倍となり、東日本に人が住めなくなっていたともいわれる。

◉――**参考文献《ぶんけん》**

「最終報告」（東京電力福島原子力発電所における事故調査・検証委員会）
「中間報告」（東京電力福島原子力発電所における事故調査・検証委員会）
「国会事故調 報告書」（東京電力福島原子力発電所事故調査委員会）
「福島原子力事故調査報告書」（東京電力）
「福島原子力事故調査報告書 添付資料」（東京電力）
「福島原発事故独立検証委員会 調査・検証報告書」（福島原発事故独立検証委員会著、一般財団法人日本再建イニシアティブ、非売品）
「全電源喪失の記憶　証言・福島第一原発」（共同通信社）
『大熊町史　第1巻〈通史〉』（大熊町史編纂委員会大熊町史編纂室編、大熊町）
『原発危機 官邸からの証言』（福山哲郎著、ちくま新書）
『証言 細野豪志』（細野豪志／鳥越俊太郎著、講談社）

◉著者《ちょしゃ》から皆《みな》さんへのメッセージ

くじけそうなことが たとえあっても……

ノンフィクション作家
門田隆将

ぎりぎりの場面に立ったとき、人はなぜ「自分のため」ではなく、それ以外のもののために「命」をかけることができるのでしょうか。

私《わたし》は、「小説」ではなく、取材を通《つう》じて実《じっ》際《さい》の当事者たちの証言《しょうげん》を得て、それを「ノンフィクション作品」にする仕事をしています。

農家になって、福島の野さいをいっぱい食べてもらおう

●遠藤颯花（えんどうふうか）
会津若松市立鶴城小学校4年

取材を終えて、原稿《げんこう》に向かって「事実」を描《えが》こうとするとき、私《わたし》はいつもそのことを考えさせられます。特に、日本人はそうした歴史の繰《く》り返《かえ》しのなかで生きてきました。

家族を想い、故郷《ふるさと》を想い、国を想う。それは、どこの国の人にも共通することです。でも、日本人ほど、自分を犠牲《ぎせい》にしてまで、これを実践《じっせん》しようとする国民は少ないのではないでしょうか。

二〇一二年、私《わたし》はこの本のもとになる『死の淵《ふち》を見た男　吉田昌郎《よしだまさお》と福島第一原発の五〇〇

ぼくのゆめ……
おじいちゃんみたいなしょうぼうし!!

●横山礼空（よこやまりく）
会津若松市立城南小学校1年

みんななかま

関本創（せきもとあらた）
会津美里町　ひかり幼稚園　４歳

日』（ＰＨＰ研究所）を出版《しゅっぱん》しました。そこでも同じことを考えさせられました。

東日本大震災《だいしんさい》にともなう福島第一原発事故《じこ》は、私《わたし》たちに大きな教訓を残してくれました。歴史上、かつてなかった大津波《おおつなみ》におそわれたとはいえ、あの「全電源喪失《ぜんでんげんそうしつ》」という最悪の事態《じたい》を回避《かいひ》できる方法はなかったのか。その後、多くの専門家《せんもんか》が話し合ってきました。

それと同時に、この事故《じこ》は、日本人の「底力《そこぢから》」を見せるものでもあったと思います。ぎりぎりで発揮《はっき》された現場《げんば》の人々《ひとびと》の踏《ふ》ん張《ば》りは、

なおった原発

井谷飛翔（いたにつばさ）
白河市立白河第一小学校５年

宇宙飛行士になれたら

栗城洸太（くりきこうた）
● 喜多方市立塩川小学校４年

想像《そうぞう》を超《こ》えたものでした。

　現場《げんば》の人々《ひとびと》とは、福島の人たちです。福島県の浜通《はまどお》りに生まれ育った人たちを中心に、地元の人々《ひとびと》が「家族」と「故郷《ふるさと》」と「日本」を守るために、事故《じこ》に立ち向かったのです。

　そこには、信頼《しんらい》、勇気、友情《ゆうじょう》、辛抱《しんぼう》、闘《とう》志《し》、気迫《きはく》、思いやり……など、私《わたし》たちが日ごろの生活では、あまり意識《いしき》していないものが、発揮《はっき》されました。なかでも、「自己犠牲《じこぎせい》」という言葉でしかあらわせないような現場《げんば》の人々《ひとびと》の行動に、私《わたし》は心が震《ふる》え、あらためて驚《おどろ》

かがやく桜

立川千尋（たちかわちひろ）
● 喜多方市立豊川小学校５年

福島の海で遊ぼう！

●猪俣倫子（いのまたりんこ）
喜多方市立上三宮小学校5年

かされました。

皆《みな》さんは、放射能汚染《ほうしゃのうおせん》が広がり、命の危機《きき》のなかで、それでも、危険《きけん》な場所に自《みずか》らすすんで行くことはできるでしょうか。

いざ、「できますか?」と問われると、誰《だれ》もが「自信がない」と、答えるでしょう。しかし、その場に立つと、皆《みな》さんにも、不思議な力がわいてきて、それをやってのけてしまうのではないか、と私《わたし》は想像《そうぞう》します。

この作品を描《えが》きながら、私《わたし》は、現場《げんば》の人たちの仲間への友情《ゆうじょう》と思いやりの大きさ、そし

ぼくは、みんなをまもるじえいたい

●二瓶信汰桜（にへいしんたろう）
喜多方市立豊川小学校3年

大工さんになってふくしまにいろいろないえをたてるよ

遠藤萌花（えんどうもえか）
●会津若松市立鶴城小学校2年

て故郷《ふるさと》を救いたい、という強い思いにもっとも心を打たれました。

　五十八歳《さい》という若《わか》さで亡《な》くなった吉田昌郎《よしだまさお》さんと、同《おな》い年の部下、曳田《ひきだ》さんとの友情《ゆうじょう》も、そして、後輩《こうはい》や部下たちを想う伊沢《いざわ》さんの心情《しんじょう》も、すさまじいものでした。そこには、思いやりとやさしさに裏打《うらう》ちされた「真の勇気」が、たしかに存在《そんざい》していました。

　私《わたし》は、日本人が持つ独特《どくとく》の感性《かんせい》と信念を、いつまでも大切にしてもらいたいと思っています。この本を読んでくれた皆《みな》さんが、そん

恐竜くんとラジオ体操

原田真大（はらだまなと）
●南会津町　田島保育園　5歳

未来の福島市

吉成智哉（よしなりともや）
●須賀川市立大東小学校４年

な気持ちになってくれたら、これほどうれしいことはありません。

皆《みな》さん、これからの人生で、くじけそうなことがたとえあっても、勇気を持って、それに挑戦《ちょうせん》してみましょう。そのとき、やさしさと友情《ゆうじょう》を持った仲間が力を与《あた》えてくれるかもしれません。なぜなら、それこそが「日本人だから」です。ぜひ、誇《ほこ》りと自信を持って、これからの人生を歩んでほしいと思います。

●「著者《ちょしゃ》から皆《みな》さんへのメッセージ」（170～176ページ）に掲載《けいさい》した絵について

一般社団法人会津喜多方《いっぱんしゃだんほうじんあいづきたかた》青年会議所が2013年におこなった「『ぼくの夢《ゆめ》、わたしの夢《ゆめ》は、ふくしまの夢《ゆめ》』こども絵画コンクール」の応募《おうぼ》作品のなかから、本書のメッセージ内容《ないよう》に特にふさわしいと思われる絵を、出版部《しゅっぱんぶ》で選んで掲載《けいさい》しています（敬称略《けいしょうりゃく》）。

（協力：一般社団法人会津喜多方《いっぱんしゃだんほうじんあいづきたかた》青年会議所）

PHP 心のノンフィクション　発刊のことば

夢や理想に向かってひたむきに努力し大きな成果をつかんだ人々、逆境を乗り越え新しい道を切りひらいた人々……その姿や道程を、事実に基づき生き生きと描く「PHP 心のノンフィクション」。若い皆さんに、感動とともに生きるヒントや未来への希望をお届けしたいと願い、このシリーズを刊行します。

著者　門田隆将（かどた・りゅうしょう）

1958（昭和33）年、高知県生まれ。中央大学法学部卒。ノンフィクション作家として、政治、経済、司法、事件、歴史、スポーツなどの幅広いジャンルで活躍している。著書に、『死の淵を見た男』『「吉田調書」を読み解く』（以上、PHP研究所）、『なぜ君は絶望と闘えたのか―本村洋の3300日』（新潮文庫）、『あの一瞬　アスリートはなぜ「奇跡」を起こすのか』（新潮社）、『甲子園への遺言』（講談社文庫）、『神宮の奇跡』（講談社）、『康子十九歳　戦渦の日記』（文春文庫）、『甲子園の奇跡　斎藤佑樹と早実百年物語』（講談社文庫）、『尾根のかなたに　父と息子の日航機墜落事故』（小学館文庫）、『太平洋戦争　最後の証言（第１部〜第３部）』（小学館）などがある。『この命、義に捧ぐ　台湾を救った陸軍中将根本博の奇跡』（集英社）で、第19回山本七平賞受賞。

装幀＝一瀬錠二(Art of NOISE)
本文イラスト＝瀬川尚志
写真提供＝東京電力(P.002上、P.105)
図版作成＝エヴリ・シンク(P.023)
編集協力・DTP＝月岡廣吉郎

原発事故《じこ》に立ち向かった
吉田昌郎《よしだまさお》と福島フィフティ

2015年３月４日　第１版第１刷発行
2020年３月11日　第１版第３刷発行

著　者　門田隆将
発行者　後藤淳一
発行所　株式会社PHP研究所
東京本部　〒135-8137　江東区豊洲 5-6-52
児童書出版部　☎ 03-3520-9635（編集）
普及部　☎ 03-3520-9630（販売）
京都本部　〒601-8411　京都市南区西九条北ノ内町 11
PHP INTERFACE　https://www.php.co.jp/
印刷所
製本所　凸版印刷株式会社

ISBN978-4-569-78453-3

NDC916　176P　22cm